乡村振兴人才培养系列教材
图说现代农业高质量发展关键技术丛书

图说温室甜樱桃栽培关键技术

孟凡丽　梁春莉　于立杰　编著

中国农业大学出版社
·北京·

内 容 提 要

本书与生产实践联系紧密，以图文并茂的形式介绍了温室甜樱桃栽培关键技术。主要内容包括概述、栽培品种、苗木繁育、栽植、整形与修剪、环境条件要求、温室调控措施和周年管理技术，具有通俗易懂、重点突出、科学实用、形象直观、言简意赅、实用性和可操作性强的特点，适合农业院校师生、基层农业技术推广人员、新型农场主、新型职业农民、果树科技人员、从事果树苗木生产和经营人员、果农和育苗爱好者参考和阅读。

图书在版编目(CIP)数据

图说温室甜樱桃栽培关键技术/孟凡丽，梁春莉，于立杰编著．--北京：中国农业大学出版社，2022.7

ISBN 978-7-5655-2810-1

Ⅰ.①图… Ⅱ.①孟…②梁…③于… Ⅲ.①甜樱桃－温室栽培－图集 Ⅳ.①S628.5-64

中国版本图书馆 CIP 数据核字(2022)第 108693 号

书　　名　图说温室甜樱桃栽培关键技术

作　　者　孟凡丽　梁春莉　于立杰　编著

策划编辑　林孝栋　康昊婷　　**责任编辑**　康昊婷

封面设计　郑　川

出版发行　中国农业大学出版社

社　　址　北京市海淀区圆明园西路 2 号　　**邮政编码**　100193

电　　话　发行部 010-62733489,1190　　读者服务部 010-62732336

编辑部 010-62732617,2618　　出　版　部 010-62733440

网　　址　http://www.caupress.cn　　**E-mail** cbsszs@cau.edu.cn

经　　销　新华书店

印　　刷　涿州市星河印刷有限公司

版　　次　2022 年 10 月第 1 版　　2022 年 10 月第 1 次印刷

规　　格　148 mm×210 mm　　32 开本　　5.25 印张　　195 千字

定　　价　39.80 元

辽宁农业职业技术学院园艺技术专业群
果树科普著作编委会成员

前 言

甜樱桃是我国北方地区露地栽培成熟最早的果树之一，其果实色鲜味美，肉嫩多汁，甜酸可口，富含维生素 A、胡萝卜素和矿物质，外观和内在品质皆佳，素有“春果第一枝”的美誉，受到广大消费者喜爱。甜樱桃是目前栽培果树中经济效益较高的时令水果品种。

温室甜樱桃种植是通过对环境条件（主要是温湿度、光照、水分、气体等）进行控制，使温室内的小气候满足甜樱桃的生长发育所需，为甜樱桃生长发育提供良好的环境条件，实现甜樱桃优质、丰产的一种生产方式。首先，温室栽培甜樱桃可扩大适栽范围。温室栽培有效解决了甜樱桃树体抗寒能力差的问题，可使甜樱桃安全越冬，避免冻害引起生理干旱而抽条的现象，同时还可避免露地栽培中经常遇到的花期低温、阴雨、大风等不良天气造成的授粉不良及采前降雨引起的裂果等问题。其次，温室栽培甜樱桃有利于控制病虫害传播，生产无公害果品。温室栽培环境相对密闭，甜樱桃的叶片和果实不直接接触雨水，可减少病害的发生，既节省农药投资，生产出无农药污染的绿色食品，又能保护果面不受泥土和尘埃污染，保证果品的优质高产。最后，温室栽培甜樱桃可调控鲜果供应期，上市时间早，其果品价格较露地栽培高几倍甚至十几倍，显著提高了经济效益，具有广阔的发展空间。

本书讲述了温室甜樱桃栽培的要点，在传统技术规范的基础上，又编录了近年出现的新品种和新技术。在编写内容上我们力求从果农的实际需要出发，以生产实用技术介绍为主，将理论知识融于技术操作中，以甜樱桃的物候期进展顺序为依据，重点讲解周年生产管理技术。在编写体例上我们力求新颖，设置了知识链接内容，使版面变得新颖、活泼。本书的出版将有助于温室甜樱桃栽培管理，对相关从业人员具有指导价值。

在本书的编写过程中作者查阅了大量的著作和文献，由于时间仓促，书中不当之处在所难免，恳请广大读者见谅并批评指正，在此深表感谢！

目录

第一章　概述

第二章　温室甜樱桃栽培品种

第三章　樱桃苗木繁育

第四章　温室甜樱桃栽植

第五章　温室甜樱桃整形与修剪

第六章　甜樱桃环境条件要求及温室调控措施

第七章　温室甜樱桃周年管理技术

第一章
Chapter 1

概　述

一、甜樱桃产业发展情况如何?

甜樱桃属落叶小乔木,双子叶植物纲蔷薇目蔷薇科李亚科樱属。甜樱桃是我国北方地区露地栽培成熟最早的果树之一,其果实色鲜味美,肉嫩多汁,甜酸可口,富含维生素 A、胡萝卜素和矿物质,外观和内在品质皆佳,素有“春果第一枝”的美誉,受到广大消费者喜爱。甜樱桃是当前落叶果树中经济效益最高的树种。

1. 我国甜樱桃产业的发展历程

甜樱桃引入我国后,大体上经历了以下 3 个发展阶段:

一是引进试栽阶段。甜樱桃原产欧美,大约在 19 世纪末 20 世纪初,通过外国传教士、商人、船员引入我国东部沿海地区的烟台、大连等地开始试栽。

二是缓慢发展阶段。新中国成立以前,甜樱桃的发展受到极大的限制,发展缓慢。新中国成立后,百废待兴,生产进入恢复期,在种植业方面,政府将主要精力用于解决国民吃饭的问题,提出了“以粮为纲”的战略目标,经济作物发展相对滞后,此时期甜樱桃栽培技术不完善,各地只少量地进行了引种试栽。

三是快速发展阶段。改革开放后,农村生产力得到极大解放,效益型农业受到重视。在 20 世纪八九十年代,随着甜樱桃经济效益的凸显,全国各适栽区纷纷引种,使我国甜樱桃由原来的东部沿海地区向内地渗透,形成了环渤海湾产区,黄河故道、黄土高原低海拔产区,西南高地产区,新疆沙漠边缘产区几大板块,种植范围逐渐扩大。

2. 我国甜樱桃产业的发展现状

我国的樱桃栽培主要以鲜食樱桃栽培为主,栽培品种中鲜食品种占 95% 以上,产量占 90% 以上。随着市场经济的发展,人们消费水平不断地提高,甜樱桃的经济效益愈发凸显。然而,在甜樱桃的生产过程中还存在栽培方式不科学、品种结构待优化、授粉配置不合理、管理模式粗放以及采收技术不成熟等问题,严重制约着樱桃产业的发展。具体现状如下:

(1) 种植区域面积差异大,地区间发展不平衡

甜樱桃栽培区在我国 23 个省市均有分布,整体上可分为环渤海湾产区、陇海铁路东段沿线产区、西南西北高海拔产区和分散栽培区,其中四分之三的栽培面积集中在环渤海湾地区,内陆及高海拔适栽区所占比例较小,地区间发展呈不平衡态势。

(2) 栽培范围不断拓展,生产规模持续扩大

随着保护地栽培技术的完善和现代化贮藏运输业的快速发展,限制甜樱桃发展的因素逐渐破解,我国甜樱桃栽培范围在不断拓展,生产规模持续扩大,甜樱桃生产的普及进程加快。

(3) 栽培技术逐步完善，建园质量日益提高

通过多年探索，甜樱桃建园的难题逐渐破解，通过合理的砧木，品种选择，优质苗木的应用，栽植时大坑足肥多水措施的实施，栽后育苗袋的套用等技术的使用，建园质量大大提高。

(4) 果品产量逐步提高

随着甜樱桃管理过程中科技含量提高、物资投入增加，每亩（1 亩 ≈ 667 m^2）产量显著提高。据报道，在先进产区亩产最高已达 3 000 kg，较 20 世纪八九十年代增长一倍多。

(5) 果品质量显著改善

随着绿色、无公害、有机栽培措施的普及，在甜樱桃生产中大量应用了农业、物理、生物措施控制病虫危害，有效降低了园内农药的施用量，减少了果实中农药残留量，果品食用安全性显著提高。

(6) 产品消费平民化

随着产业快速发展，种植面积扩展，整体产能增加，总供给量增多等因素，销售价格大幅下滑，甜樱桃价格降到了普通民众能承受的范围，促进了消费人群总量的上升，产销形势发生了极大的变化，甜樱桃的消费由少数富裕人群向广大民众转变。

(7) 果品加工研发步伐加快

在甜樱桃罐头、甜樱桃汁等简单加工的基础上，近年来甜樱桃酒研发成功，每瓶售价高达 1 000 元以上，既取得了很好的经济效益，又有效解决了鲜果贮运、销售的难题。

(8) 自花结实品种成功引进，简化了管理程序

加拿大、美国应用杂交及辐射育种的方法，培育出了斯坦拉、斯塔克、艳红、拉宾斯、新星等一大批可自花结实的品种，这类品种管理节省人工，产量稳定，品质好，抗晚霜危害，具有很大的种植优势。我国先后引入了这些品种，并在生产中推广应用，极大简化了栽培程序。

(9) 矮化栽培开始在生产中应用

绝大多数甜樱桃幼龄期较长，需要经过 4~5 年才进入结果期。幼龄期长不但影响前期收益，还会影响种植者的生产积极性。我国果树科技工作者积极进行矮化栽培探索，初步取得成果，其中从德国引进的吉塞拉砧木具有很好的矮化效应，其中吉塞拉 5 号、吉塞拉 6 号表现最好。吉塞拉 5 号为矮化砧，嫁接在其上的樱桃是同期嫁接在别的砧木上樱桃树高的 50%~70%，树高通常在 3 m 左右，一般第 2 年即可结果。用毛樱桃作基砧，FL-80 李子作中间砧嫁接甜樱桃，也有明显矮化效应。

(10) 采后处理技术相对落后，制约樱桃产业规模发展

樱桃果品供应期短，对其进行低温储藏能在一定程度上延长其销售期，而我国甜樱桃的采后预冷、自动化分选、贮运保鲜等技术相对落后，对其销售产生较大影响。如樱桃生产普遍存在早采现象,果实采后未经过预冷处理直接在市场上销售,会导致其销售期大幅缩短。

(11)果品市场体系不完善

目前,我国甜樱桃生产主体是以农户为单位分散经营的小规模果园,果品市场流通方式主要是农户自产自销及小商户贩运,具有价格形成机制的大型农产品批发市场数量较少,制约了产品流通的现代化进程。同时,市场监管力度不足,很多销售商以次充好,在一定程度上打击了种植户的积极性,对甜樱桃产业发展有较大的负面影响。另外,市场宣传力度不够,很多优良品种局限于原生产地消费,经济价值没有得到很好的体现,在一定程度上制约了樱桃产业的发展。

3. 我国甜樱桃产业的发展前景

总体而言,我国甜樱桃产业发展呈现"五升一降"趋势,即种植范围、种植规模、产量、消费群体、整体产业效益呈上升之势,而单位面积收益呈下降趋势。

由于甜樱桃具有很高的商品价值,加之甜樱桃采收较早,成花容易,管理较苹果等果树简单,具有很大的种植吸引力,种植规模呈现不断扩展之势,全国新建了一批万亩以上的生产基地,甜樱桃规模化发展趋势明显。同时,随着产量的增加,价格的下滑,单位面积产值开始下降,其生产优势在减弱,局部难卖现象可能有所发生,生产效益可能会出现明显回落。

4. 我国甜樱桃产业存在的主要问题

(1)采收时间过早

在实际生产中,受利益驱动,我国甜樱桃果实存在早采现象。果实采收时间过早,大大降低了单果质量和可溶性固形物含量,使果实口感品质差、色泽暗淡,严重影响其商品质量,不利于整个产业的健康发展。

(2)采后处理技术落后

我国甜樱桃采后处理技术与智利、美国等樱桃生产和出口大国相比仍存在较大差距。目前我国甜樱桃采后缺乏预冷环节,果实在田间由人工挑拣分级、装箱后直接运到市场销售。采后分级、挑拣、装箱和运输,全部在常温下进行。且包装简陋,装箱后在周转运输贮藏过程中易造成二次损伤,增加果实腐烂率。

(3)缺乏品牌意识

目前我国甜樱桃产品还普遍缺乏品牌意识,品牌多以产地命名,不利于增强产品的市场竞争力。

(4)缺乏协会引导机制

目前我国缺乏统一的协会引导机制,无法做到标准化统一采收、采后处理和产品包装，同时也缺乏对产品上市期及价格机制的调节，出现甜樱桃产业盲目发展，果园管理水平参差不齐，果实品质差异大，采后商品化处理差，包装五花八门、质量差，价格受收购商控制等问题，增加了果农的经营风险。

5. 针对问题的发展对策

(1) 适期采收

甜樱桃采收过早，达不到果实应有的风味；采收过晚，果柄褐变和果实腐烂的风险加大。应根据品种特性、栽培管理水平、气候条件以及采收后的用途来确定适宜的采收期。采收后作为贮藏用的甜樱桃，一般选择晚热、肉硬、皮厚的品种，如那翁、拉宾斯、红蜜、先锋、宾库、晚红珠等。晚熟品种硬度大，果肉致密，应在八九成熟时采收。作为鲜食的甜樱桃，应在完全成熟时采收，一般选择早熟品种，如红灯、黄蜜、早大果、美早等，采收后应在短时间内进行销售。

(2) 重视采后商品化处理以延长果品供应期

要转变我国甜樱桃产业“重前轻后”的观念，重视采后商品化处理。如强化果实采后预冷、自动化分级、统一标准化包装、全程冷链运输，在运输周转过程中使用托盘叉车搬运以减少机械损伤等。甜樱桃果实经过商品化处理，既有利于保持其优良品质，提高商品性，又有利于降低腐烂率，提高经济效益。大力推广采后保鲜和贮运技术，还能有效延长果品市场供应期，进一步提高甜樱桃的经济效益。

(3) 强化品牌意识，打造知名品牌

应注重品牌建设，打造知名品牌，用高质量产品维护品牌。向著名果业品牌的建设借鉴经验，将甜樱桃品牌做大做强。

(4) 加大政府扶持力度，建立行业协会

政府应鼓励果农成立农民专业合作社，重点扶持龙头企业和种植大户，扶持成立全国性的果品流通协会等，利用协会力量促进农村土地合理流转，集中规模发展樱桃产业，降低销售成本；增强对果农的引导和规范；培育大型果品交易市场；大力发展观光旅游业，建设生态农业观光采摘园；强化产品信息平台建设，建立广泛的网上营销模式，利用“互联网 +”拓宽甜樱桃销售渠道，促进甜樱桃生产、贮藏、销售一体化发展。

二、温室甜樱桃栽培情况如何？

1. 温室栽培的优势

首先，温室栽培甜樱桃可扩大适栽范围。温室栽培有效解决了甜樱桃树体

抗寒能力差的问题,可使甜樱桃安全越冬,避免冻害引起生理干旱而抽条的现象,同时还可避免露地栽培中经常遇到的花期低温、阴雨、大风等不良天气造成的授粉不良及采前降雨引起的裂果等问题。其次,温室栽培甜樱桃有利于控制病虫害传播,生产无公害果品。温室栽培环境相对密闭,甜樱桃的叶片和果实不直接接触雨水,可减少病害的发生,既节省农药投资,又能生产出无农药污染的绿色食品,且有利于保护好果面不受泥土和尘埃污染,保证果品的优质高产。最后,温室栽培甜樱桃可调控鲜果供应期。由于上市时间早,其果品价格较露地栽培高几倍甚至十几倍,显著提高了经济效益,具有广阔的发展空间。

2. 生产现状

从发展历史来看,世界甜樱桃的温室栽培研究始于20世纪70年代;中国甜樱桃温室栽培始于20世纪90年代,先是在山东烟台地区,之后在辽宁、河北等地相继发展。近年来,随着生活水平的提高,人们对甜樱桃的需求量越来越大,加之温室栽培技术的不断成熟,甜樱桃反季生产效益明显。3—4月,甜樱桃的平均出园价达到160元/kg以上,每亩效益在5万~10万元甚至更高,甜樱桃成为温室栽培效益最高的树种。受利益驱动,我国多地掀起了樱桃温室栽培的热潮。

3. 发展趋势

(1)研发、种植新品种

温室栽培甜樱桃的品种基本上在露地栽培的品种中选择,因此培育或筛选适合温室栽培的新品种是今后的主要研究方向之一。新品种的选择原则是:需冷量低、早熟、品质优、季节差价大;通过温室栽培可提高品质、增加产量以及适应栽培等。

(2)应用创新的综合管理技术

温室栽培创造了树体生长的特殊小环境,树体综合管理技术理应区别于常规露地栽培。但在目前,对温室条件下甜樱桃生长发育模式及生理基础的研究较少,设施栽培中多使用露地自然栽培的管理技术。因此,加强温室栽培甜樱桃的研究总结工作,应用创新的温室栽培甜樱桃的配套技术是产业未来发展的趋势之一。

(3)规模化、产业化发展

温室甜樱桃的发展,要坚持规模化和产业化发展途径。在选准品种之后,实行适度发展,同时完善产后处理体系及销售配套体系,使产前、产中、产后有效衔接,实现贸工农一体化、产供销一条龙的生产经营格局。

第二章

Chapter 2

温室甜樱桃栽培品种

一、品种选择原则是什么?

品种选择的意义在于通过选择优良品种,保证樱桃产量和品质,进而提高经济效益。在温室生产中,不同品种果实的大小、色泽、果肉硬度、风味、生长发育期、贮藏性等经济性状存在明显差异,这些差异直接影响果园的管理、果品的价格和果园的经济效益。而且,甜樱桃是自花不结实或自花结实率较低的树种,不同品种授粉的亲和能力差异较大,不适合的品种搭配会导致坐果率低下,影响产量和效益。因此,正确选择品种对温室栽培甜樱桃至关重要。

选择原则如下:

1)根据市场定位选择合适品种。如外销选择红色品种,本地销售可以选择彩色品种。

2)根据当地气候特点选择合适品种。休眠早、升温早的地区,可选择品种比较多。相反,休眠晚的地区应选择早熟品种。

3)根据栽培规模,选择合适品种。规模大的可以搭配早中晚不同熟期的品种,延长采收期,避免采收过于集中。

4)选择适应性强、栽培中障碍少、易管理的品种。

5)选择早熟、丰产、果个大、果色艳丽、果柄短而粗、果肉硬、耐储运、货架期长、含糖量高的品种作为主栽品种。

6)选择树冠紧凑、树势中庸健壮、耐弱光、耐湿、抗裂果、抗病虫害能力强的早中熟品种为主栽品种。

7)促早栽培要求品种需冷量低,果实发育期短,成熟早;延迟栽培要求果实发育期长,成熟晚。

8)选择花粉多、与主栽品种授粉亲和力好、需冷量相近的甜樱桃品种作为授粉品种。

9)选择抗寒、矮化、抗根癌病、嫁接亲和性好的樱桃砧木。

二、适宜品种有哪些?

1. 美早

美早是大连市农业科学研究院从美国引入的一种早熟樱桃品种,美国品种名称为塔顿,由美国华盛顿州立大学开发。美早为斯坦拉与意大利红杂交而成。

肉质脆而不软，肥厚多汁，风味酸甜可口，果个略大于红灯，风味比红灯好，可溶性固形物含量为 17.6%。核圆形、中大。可食率 92.3%。具有果柄粗短，肉硬，耐贮运，花期耐低温，腋花芽多，丰产，抗裂果，抗病性强，成熟期一致，一次即可采收完毕等特点。果实发育期 50 d 左右（图 2-1）。

图 2-1　美早

该品种树势强健，树姿半开张，幼树萌芽力、成枝力均强，是温室栽培的首选品种之一。温室栽培中新梢旺长时，一般 6~8 片叶，长至 8~10 cm 时摘心。以马哈利为砧木的美早果实成熟后要及时采收，否则果实容易变软；如花期使用激素处理，该品种可单一品种栽培；果实成熟期要防止裂果。

2. 萨米脱

由中国农业科学院郑州果树研究所从加拿大引种。果实宽心脏形，果个大，果实纵径 2.63 cm，横径 3.01 cm，平均单果重 12.2 g。果皮韧性强，紫红色，果面上嵌有浅色斑点，颜色亮丽诱人，果肉红色，可溶性固形物含量 17.2% 左右，品质中上，果肉硬度大，耐贮运。可食率为 95%。果实发育期 55 d 左右。雨后裂果较多，成熟期比那翁晚 2~3 d（图 2-2）。

图 2-2　萨米脱

该品种树势强健，丰产性能好。3 年生树即可见果，5 年生树进入丰产期。初果期多以中、长果枝结果，盛果期以花束状果枝结果为主。树势中庸健壮，树姿开张，幼树期直立生长，进入盛果期后树势缓和，树冠半开张。花粉量大，萌芽率高，成枝力强，枝条粗壮，成花容易，抗裂果，适于作为温室栽培的主栽品种，也可作为授粉品种。但该品种坐果率高，应注意合理控制负载量，否则易造成树体早衰。

3. 俄八

俄八又名含香，从俄罗斯引种。果实宽心脏形，初熟时鲜红亮丽，充分成熟时变为紫红、紫黑、蓝黑色，呈片状磷光，黑油亮。果肉肥厚硬脆，深紫红色，间放射状粉白色短条，可溶性固形物含量 18.9%。果心深红紫色，汁液特丰。果实风味极佳，平均单果重 12.9 g。果皮厚韧，弹性强，带皮硬度为 5.84 kg/cm^2，耐贮运性强。具有果个大，味道香甜，色浓形美，早产早丰，极耐贮运，抗寒性强的特点(图 2-3)。

图 2-3 俄八

该品种需冷量长，温室栽培时升温要稍晚一些，花期温度要比其他品种低 2~3 ℃。树势中庸，树姿开张，大枝伸展角度较大，枝条多斜生、下垂、松散，幼树枝条封顶早，枝条充实，为早花早果创造了基础条件(比美早、红灯、萨米脱早)。

4. 佳红

由大连市农业科学研究院选育，亲本为宾库和香蕉。果实宽心脏形，平均单果重 9.57 g，果实底色浅黄，向阳面呈鲜红色，有光泽。果肉浅黄色，肉质较软，肥厚多汁，风味酸甜适口，可溶性固形物 19.8%，品质上乘。可食率 95%。较耐贮运。果实发育期 50~55 d(图 2-4)。

图 2-4 佳红

该品种树势强健，生长旺盛，幼树生长直立，结果后树姿逐渐开张。萌芽率高，成枝力强，花芽量大，连续结果能力强，丰产性好。自花不结实，必须配置授粉树。果实成熟时要注意果实着色。新梢旺长时，因该品种以中长果枝结果，一般 8~10 片叶，即新梢长至 15 cm 时摘心处理。该品种适于作为设施栽培的授粉品种。如用于观光采摘或就地销售，也可作为主栽品种。

5. 雷尼

雷尼是以宾库与先锋杂交育成的黄色中熟品种，以美国华盛顿州雷尼山的名称命名，由大连市农业科学研究院于 1989 年自美国引入。果实大型，平均单果重 8 g，大果 12 g。果形心脏形，果皮底色黄色，富鲜红色晕，光照良好时可全面红色，鲜艳美观。果肉无色，质地较硬，可溶性固形物含量高，鲁中南山地可达 15%~17%，风味好，品质佳。离核，核小，可食率 93%。抗裂果，耐贮运。成熟期比那翁、宾库早 3~7 d，是一个丰产、质优的鲜食和加工兼用品种(图 2-5)。

该品种树势强健，枝条粗壮，节间短，树冠紧凑。叶片大且厚，色深绿。以短果枝结果为主，早果丰产，栽后 3 年见果，5 年生树株产 20 kg，适应性强。花粉多，自花不育，是优良的授粉品种。适宜授粉品种为宾库、先锋。适合温室栽培。

图 2-5　雷尼

6. 明珠

由大连市农业科学研究院选育，亲本为那翁和早丰。果实宽心脏形，整齐，平均单果重 12.3 g，最大单果重 14.5 g，果实纵径 2.4 cm，横径 3.1 cm，果柄长度 2.3~4 cm，平均粗度 0.2 cm。果梗洼广、浅、缓，果顶圆、平，果皮底色稍呈浅黄色，阳面呈鲜红色，有光泽，外观色泽美。果肉浅黄，肉质较软，肥厚多汁，风味甜酸可口，鲜食品质上等。果核近圆形、粘核。果肉厚度达 1.3 cm，可食率为 93.3%，可溶性固形物含量 22%，pH 3.5，干物质 18%，可溶性总糖 14.75%，可滴定酸 0.41%。果实发育期 45 d 左右（图 2-6）。

该品种树势强健，生长旺盛，萌芽率高，成枝力强，枝条粗壮。多品种混植园中，其自然坐果率在 60% 以上，是一丰产的优良品种。该品种属于早熟品种，在温室栽培中成熟较早，售价高，但叶片较大，影响着色，在果实成熟期需要摘叶。建园时需配置授粉树，授粉树配置比率应在（2~4）：1。明珠的授粉品种有先锋、美早、拉宾斯、佳红、雷尼、红灯等，该品种在温室中有轻度裂果现象，因此应在硬核期开始控制浇水次数，防止裂果。

图 2-6 明珠

7. 先锋

加拿大选育品种，1983 年由中国农业科学院郑州果树研究所引种，属于中晚熟品种。果实肾脏形，平均单果重 8.5 g，最大果重 10.5 g。果皮厚韧，紫红色，有光泽。果肉玫瑰红色，肉质脆硬，肥厚，汁多，可溶性固形物 17.9%，风味佳，品质上等，可食率为 91.7%，耐贮运。果实发育期 50~55 d（图 2-7）。

该品种树势强健，树姿较直立，树冠较紧凑，萌芽率高，成枝力强。幼树期生长旺盛，结果期树中长果枝、短果枝和花束状果枝都能结果。幼树新梢生长直立，枝条粗壮，结果早，丰产，抗寒性强。花粉量多，花药易开裂，自花结实率低，是一个优良的授粉品种。也可作主栽品种，斯坦拉、那翁、宾库都是其良好的授粉品种。适于温室栽培，很少裂果。

8. 红灯

由大连市农业科学研究院育成，亲本为那翁和黄玉。果实宽心脏形，果个大小整齐，平均单果重 12.2 g，最大单果重 14.8 g。果皮紫红色，鲜艳有光泽。果肉

图 2-7　先锋

肥厚，多汁，肉质较软，果实风味酸甜，可溶性固形物含量17.6%。半离核，耐贮运，抗裂果。果实发育期45 d左右（图2-8）。

图 2-8 红灯

该品种树势强健，树冠大，枝条粗壮，见果晚，定植后4~5年开始见果。连续结果能力强，丰产性好。幼树直立，进入盛果期后树势半开张，短果枝、花束状果枝、莲座状果枝增多；萌芽率高，成枝力强，是综合性状优良的品种，也是设施栽培的首选品种之一。

9. 状元红

状元红是大连市农业科学研究院1999年从红灯中选出的芽变新品种，为早熟品种。果实宽心脏形，梗洼浅，果顶凸，缝合线明显，紫红色，平均单果重13.2 g。可溶性固形物含量20.7%，口感好。抗裂果，抗病性强，丰产性好(图2-9)。

该品种结果期早，短枝性状明显，丰产稳健。树姿直立微开张，树势中庸强健，枝条粗壮，平均节间长，以花束状果枝和短果枝结果为主。

图 2-9 状元红

10. 早大果

由乌克兰选育的早熟甜樱桃品种。2001 年青岛市农业科学研究院果茶研究所从山东省果树研究所引入接穗，高接在中国樱桃树上。经 6 年观察，该品种表现良好，突出特点是耐寒性强，受春季气候变化影响小，产量稳定；果实成熟期早，果个大而整齐，成熟期较一致，优质果率高。平均单果重 9.0 g，最大单果重 15.8 g。梗洼浅，中宽。果皮红色至紫红色，较厚，果点不明显。果面蜡质层厚，晶莹光亮，艳丽美观。缝合线紫黑色，果顶处有明显隆起。果肉深红色至紫红色，肉质稍软，肥厚多汁，甜酸适口，可溶性固形物含量 17.9%，品质中上等。果核近圆形，黏核，平均核重 0.43 g，可食率达 95%。果实发育期 32~35 d。耐寒性较强但抗旱、耐涝、耐盐碱及抗病虫性一般（图 2-10）。

图 2-10　早大果

该品种树冠开张，枝条细软，新梢基部呈斜上至水平，前端呈斜下方向生长。成花容易，以花束状果枝和中短果枝结果为主。幼树成花早，早期丰产性好。

11. 布鲁克斯

由美国加州大学戴威斯分校 1988 年育成，亲本为雷尼与早紫。该品种由山东省果树研究所于 1994 年引进国内，2007 年 12 月通过山东省林木品种审定委员会审定。果实扁圆形，果顶平，稍凹陷，果柄短粗，果实红色，鲜艳光泽，果面有条纹和斑点。平均单果重 9.4 g，最大单果重 13 g。果皮浓红，底色淡黄，油亮光泽。含糖量 17%，风味甘甜是其主要

图 2-11　布鲁克斯

特点(图 2-11)。该品种树体生长势强,适应性强。初结果树以中、短果枝结果为主,成龄树以短果枝为主。

12. 拉宾斯

由加拿大选育,亲本为先锋与斯坦拉。果实宽心形或近圆形,果面红色至深红色,亮丽美观,果皮厚韧,果肉脆硬、多汁,平均单果重 8.6 g,可溶性固形物含量 17.5%,可溶性糖含量 12.13%,可滴定酸含量 0.98%。硬度 8.58 kg/cm^2,可食率 94%。品质上等。耐贮运。果实发育期 55~60 d(图 2-12)。

该品种树势中庸,树姿直立,枝条粗壮,萌芽率高,成枝力强,短枝性状明显,以花束状果枝结果为主。裂果轻,花粉量大,与多品种授粉亲和力强,是优良的通用授粉品种。自花结实率高,早果性和丰产性均好。该品种适于温室栽培,既可作为主栽品种,也可作为授粉品种。

13. 宾库

1875 年由美国俄勒冈州育成,为 Republican 的自然杂交种。1982 年山东率先从加拿大引入,1983 年郑州果树研究所又从美国引入。果实宽心脏形,平均单果重 7.8 g,最大单果重 13.8 g。果面深红色,果皮厚韧。肉质脆硬,浅红色、

图 2-12 拉宾斯

图 2-13　宾库

多汁，甜酸适口，品质上等。耐贮运。果实发育期 55~60 d（图 2-13）。该品种树势强健，树冠大，树姿开张。枝条粗壮、直立，分枝力较弱。以花束状果枝结果为主。丰产，适应性强。适于温室栽培。

14. 福星

图 2-14　福星

由烟台市农业科学研究院果树研究所杂交育成，为中早熟、大果型、红色、异花结实甜樱桃优良品种。其亲本为萨米脱与斯帕克里。果实肾形，果顶凹，脐点大，缝合线一面较平。果个大，平均单果重 11.8 g，最大单果重 14.3 g。果皮红色至暗红色。果肉紫红色，肉质硬脆，可溶性固形物含量 16.3%。果柄粗短。果实发育期约 50 d（图 2-14），基本与美早一致。

该品种树势中庸偏旺，树姿半开张。主干灰白色，皮孔椭圆形，明显。具有良好的早果性，苗木定植当年萌发的发育枝基部易形成腋花芽，幼树腋花芽结果率高。成年树以短果枝和花束状果枝结果为主。自花不结实，可以用美早、萨米脱、红灯、桑缇娜作为授粉树。

15. 福晨

由烟台市农业科学研究院果树研究所用萨米脱与红灯杂交选育出的极早熟品种。果实鲜红色，呈心脏形，缝合线一面比较平；与萨米脱的果形相比，福晨的果顶比较平。果实个头大，平均单果重 10.7 g，最大果实可以达到 16 g。果肉淡红色，肉质硬脆，甜度高，口感佳。果皮较厚，耐贮运，可食率 93.2%，品质上乘（图 2-15）。

树势中庸偏旺，树姿半开张。主干灰白色，皮孔椭圆形、明显。具有良好的早果性，苗木定植当年萌发的发育枝基部易形成腋花芽，幼树腋花芽结果比例高。成年树以短果枝和花束状果枝结果为主。自花不结实，可以用美早、萨米脱、红灯、桑缇娜作为授粉树。

图 2-15　福晨

16. 红蜜

由大连市农业科学研究院用那翁与黄玉杂交选育而成，属早熟、质软、黄底红色的丰产型品种。果实中等大小，平均单果重 6.0 g，均匀整齐，果形为宽心脏形。果皮黄底色，有鲜红的红晕，光照充足的部位，大部分果面呈鲜红色。肉质较软，多汁，以甜为主，略有酸味，品质上等。可溶性固形物含量为 17%。核小，黏核，可食率 92.3%。果实发育期 40~50 d（图 2-16）。

该品种树势中等，树姿开张，树冠中等偏小，芽的萌发力和成枝力较强，分枝较多，花芽容易形成，一般定植后第二年即可形成花芽，第四年进入盛果初期，花量大，坐果率高，适宜作为授粉品种。

图 2-16　红蜜

17. 早丹

由北京市农林科学院林业果树研究所育成。果实长圆形，初熟时鲜红色，完全成熟后紫红色。果个中等大，平均单果重 6.2 g，最大单果重 8.3 g。果肉红色，汁多，风味酸甜可口，可溶性固形物含量 16.6%，可食率 96%。北京地区果实发育期 33 d，5 月中旬成熟，比红灯早成熟 1 周以上，是优良的极早熟鲜食甜樱桃品种(图 2-17)。该品种树姿较开张，早果丰产性好，树体和花芽抗寒力均较强，无特殊的敏感性病虫害和逆境伤害。

图 2-17　早丹

18. 香泉 1 号

由北京市农林科学院果树研究所育成。果实近圆形，黄底红晕，平均单果重 8.4 g，最大单果重 10.1 g。果肉黄色，质地韧，酸甜可口，品质好，可溶性固形物含量 19.0%，可食率 95%。采收期长，适合观光采摘（图 2-18）。

该品种早果丰产性好，自然坐果率高，不需要配置授粉树。树势中庸，花芽形成好，各类果枝均能结果。进入盛果期后，长果枝占 4.69%，中果枝占 8.85%，短果枝占 10.29%，花束状果枝占 67.97%，发育枝占 8.2%；以花束状果枝结果为主，比例近 68%。5 年生树亩产量可达 500 kg，盛果期树产量 750 kg 以上。在北京地区该品种实生树、高接树和幼树，多年内未见严重冻害和日烧现象。树体和花芽抗寒力均较强。无特殊的敏感性病虫害和逆境伤害。

图 2-18　香泉 1 号

第三章
Chapter 3

樱　桃　苗　木　繁　育

一、苗圃地如何选择?

樱桃为喜光树种,应选择日照良好、背风向阳、稍有坡度(≤ 5°)的地块建圃。这种地形利于排水,可使苗木在秋季及时停长,增加枝条的成熟度,利于苗木安全越冬。苗圃地的土壤 pH 应在 5.6~7,以沙质土壤最适宜。苗圃地的地下水位宜在 1~1.5 m 或以下,且一年中水位升降变化不大。圃地必须有充足水源,樱桃对水质的要求比其他树种严格,不能用影响苗木生长的污水灌溉,灌溉用水也不要经过有根癌病的土壤,以免带来病菌引起根癌病。忌用重茬地,种过樱桃、桃和杏等核果类的地块不宜繁殖樱桃苗,以免传染根癌病;菜地也不便利用,因其中病菌多,苗木易感染土传病。

二、甜樱桃嫁接苗如何培育?

1. 砧木种类

目前,我国生产上应用的樱桃矮化砧木主要是吉塞拉 5 号和吉塞拉 6 号,乔化砧木有考特、本溪山樱、大青叶、马扎德,半矮化砧木马哈利等(表 3-1)。

2. 砧木苗的培育

目前,培育樱桃砧木苗主要采用种子繁殖、组织培养繁殖、压条繁殖和扦插繁殖,具体应用时要根据砧木特性确定。

(1) 种子繁殖

山樱桃(图 3-1)、马扎德和马哈利(图 3-2)等乔化砧木适于采集种子繁殖。方法为:从生长健壮、无病虫害的母树上采集成熟的种子,收在水中搓去果肉,去掉漂浮的瘪种,将沉在水底的成熟种子捞出,在阴凉通风处沥干,立即进行层积处理。翌年 3—4 月气温回升后及时取出层积后的种子,进行室内催芽处理,室温保持在 20~25 ℃。多数种子胚根露白后,即可进行田间播种。砧木苗出齐后,及时松土并疏除过密过弱的苗,株距 3~5 cm。在砧木苗出土至嫩茎木质化前应控制灌水,适当蹲苗。砧木苗长出 4~5 片真叶后开始灌水,每次灌水或降雨后要进行中耕保墒。当幼苗嫩茎木质化后,每月追施 1 次速效性氮肥。砧木苗进入缓慢生长期后,要注控制肥水,使其及时停止生长,增强越冬抗寒能力。晚秋落叶时将砧木苗移栽(砧木苗要分级后移栽)。移栽前定干,定干高度大苗 20 cm、

表 3-1 樱桃的砧木种类及其特性

砧木种类	特性
吉塞拉 5 号	德国育成的甜樱桃矮化砧木，最早由山东省果树研究所引入。嫁接在吉塞拉 5 号上的甜樱桃品种树体仅为标准乔化砧木马扎德的 30% 左右。与甜樱桃嫁接亲和性好，土壤适应性强，耐黏土，根系发达。用吉塞拉 5 号作砧木的樱桃树结果极早，一般 3 年结果，5 年即可丰产。耐李矮缩病毒（PDV）和李属坏死环斑病毒（PNRSV）中等耐涝而不耐旱，抗寒性好，不耐贫瘠土壤。栽培密度为每亩 80~130 株，行距 3~4 m，株距 2 m。宜在肥沃土地栽培或设施栽培。
吉塞拉 6 号	德国育成的甜樱桃矮化砧木，由山东省果树研究所引入。用其作砧木的樱桃树体相当于马扎德的 60%，比吉塞拉 5 号作砧木长势旺。与甜樱桃嫁接亲和性好，土壤适应性强，耐黏土，根系发达。结果早，一般植后 3 年结果，5 年丰产。抗李矮缩病毒(PDV）和李属坏死环斑病毒(PNRSV）中等耐涝，抗旱性优于吉塞拉 5 号，抗寒性好，不耐瘠薄土壤。栽培密度为每亩 60~100 株，行株距一般为（2.5~4）m × 2 m。适宜在土壤肥沃的土地栽培或设施栽培。
考特	英国东茂林试验站育成。1985 年开始在我国用作甜樱桃砧木，与甜樱桃嫁接后树体为马扎德砧木的 70% 左右。与甜樱桃嫁接亲和力强，嫁接部位无“小脚”现象，幼龄树长势强，7 年后长势减弱，树冠紧凑，花芽分化早，丰产。不耐旱，春季易受晚霜危害，在山区应用较多，易患樱桃根癌病。每亩栽植 50~70 株，行株距（4~4.5）m × 3 m。
山樱桃	又名东北黑山樱，也叫本溪山樱，由辽宁省农业科学研究院园艺研究所和本溪果农从辽东山区野生资源中选出，与甜樱桃嫁接亲和力强，抗寒力强，缺点是耐涝性差。可用种子繁殖，成苗率高。但不同种类的山樱桃抗病力差异较大，应注意区分。用该种砧木嫁接的樱桃树，每亩栽植 55~70 株，行株距 4 m ×（2.5~3）m。
大青叶	山东省烟台市从中国樱桃中选出的一个甜樱桃乔化砧木品种，树体较马哈利小。与甜樱桃嫁接亲和性好，须根较发达，适应性较强。根系分布浅，遇大风易倒伏。抗旱性一般，不耐涝。适宜在沙壤土或砾壤土中生长，在黏重土壤上易患流胶病。用大青叶作砧木嫁接的甜樱桃树，每亩栽植 55~66 株，行株距为 4 m ×（2.5~3）m。
马扎德	属甜樱桃野生种，树势强，树体高大，寿命长。与甜樱桃嫁接亲和力强，系深根性砧木，固地性强，耐高温，抗寒。嫁接甜樱桃产量高。缺点是进入盛果期晚，对细菌性溃疡病、樱桃根瘤病和樱桃褐腐病敏感。适宜露地栽培，该种砧木的嫁接树每亩栽植 55~66 株，行株距 4 m × 3 m。
马哈利	与马扎德相似，与甜樱桃嫁接亲和力强。根系发达，抗寒抗旱，耐瘠薄，固地性好。种子易处理，发芽率高，多用实生播种繁殖。对细菌性溃疡病和根瘤病的敏感程度较马扎德轻，易感褐腐病。适宜露地栽培，嫁接树每亩栽植 55~66 株，行株距 4 m × 3 m。

图 3-1　山樱桃果实

图 3-2　马哈利种子

小苗 10 cm，同时剪去部分主根。移栽的圃地应提前深翻施足基肥。移栽行株距为 50 cm×20 cm，移栽覆土厚度 5~10 cm。覆土后要灌透水，防止越冬期间抽干。翌年春天土壤解冻时，灌 1 次解冻水，此次水要灌透。砧木苗生长期间要松土保墒，适时追肥，及时摘心，及时防治蚜虫和食叶害虫，保证砧木苗健壮生长。8 月底至 9 月上中旬即可进行嫁接。

(2) 组织培养繁殖

吉塞拉系列樱桃砧木为三倍体，不能用种子繁殖，一般采用茎尖组织培养的方式繁殖（图 3-3、图 3-4）。这种繁殖方式不仅繁殖率高，而且能脱毒、培育无病毒苗木。

(3) 压条繁殖

大青叶和考特等樱桃砧木苗主要用压条法繁殖。即把未脱离母体的枝条埋入土中，待枝条生根后切离母体，成为独立的植株。受母株的限制，此法繁育系数较低。随着组培繁殖法的普及和扦插育苗的成功，压条法已经很少采用。

(4) 扦插繁殖

近年来，山东省果树研究所通过不断探索，在吉塞拉系列砧木扦插繁殖方面

图 3-3　吉塞拉 6 号组培驯化幼苗

图 3-4　吉塞拉 6 号组培驯化大苗

取得了重大突破，建立了吉塞拉系列砧木的扦插育苗技术体系，嫩枝扦插生根率达到 95% 以上，硬枝扦插生根率也超过了 90%。

1）嫩枝扦插　需在具有人工弥雾装置的扦插棚内进行。插穗采自母本园生长健壮的半木质化新梢。插穗长 8~12 cm，留 2~3 个芽，保留上部 2~3 个叶片，下端剪成斜面。按行距 5~10 cm，株距 2.5 cm，扦插于苗床内（图 3-5）。苗床基质可用蛭石，细沙，或 3 份细沙与 1 份泥炭混合。扦插后，立即人工喷弥雾（图 3-6），将棚内湿度控制在 80%~95%。先适当遮阳，后逐渐加光，经 4~6 周生根后（图 3-7）可移栽。嫩枝扦插可与嫁接剪砧配合施行，以提高繁殖系数。秋季落叶后可起出扦插苗（图 3-8）。

2）硬枝扦插　从母本园中采集 1 年生成熟枝条，剪成 15~20 cm 的枝段，上端剪平，下端剪成斜面，用 0.5 g/L 的 IBA 浸泡 30 s，然后直立插入装有湿沙的育苗盘中，扦插深度为 3~5 cm。把育苗盘置于大棚内，用自动弥雾设施进行加湿，湿度控制在 60%~80%。扦插期间每周进行 1 次杀菌剂处理，防止病害。棚内保持 10~20 ℃，促使插穗基部形成愈伤组织，逐渐形成不定根。

图 3-5　吉塞拉 6 号嫩枝扦插

图 3-6　吉塞拉 6 号嫩枝扦插弥雾装置

图 3-7　吉塞拉 6 号扦插苗根系

图 3-8　吉塞拉 6 号扦插苗

3. 嫁接

(1) 芽接

嵌芽接

樱桃常采用带木质部芽接法嫁接，一般用嵌芽接。嵌芽接操作要点如下：①削芽片（图 3-9 至图 3-14）。在接穗上选饱满芽，从芽上方 1~1.2 cm 处向下斜削入木质部（略带木质不宜过厚），长 1.5~2 cm，然后在芽下方 0.5 cm 处斜切（呈 30° 角）到第一刀口底部，取下带木质盾状芽片。②切砧木（图 3-15 至图 3-18）。在砧木离地面 5 cm 处，选光滑部位，先斜切一刀，再在其上方 2 cm 处由上向下斜削入木质部，至下切口处相遇。砧木削面可比接芽稍长，但宽度应保持一致。③插接穗与绑缚（图 3-19 至图 3-21）。将接芽嵌入。如果砧木粗，削面宽时，可取一边形成层对齐。然后用塑料薄膜条由下往上压茬缠绑到接口上方，绑紧包严。在春季和秋季嫁接成活率较高。春季嫁接应在树液流动后至接穗萌芽前进行，提前备好接穗。冬季或早春采好接穗，贮藏在 1~5 ℃ 的环境中，用湿沙或者塑料薄膜保湿，可嫁接到 4 月中旬，当年可成苗。秋季嫁接，接穗应随采随用。接穗采集后，应立即去掉叶片，保留叶柄，标明品种，用湿布包裹，将枝条下端浸入水中 5 cm 左右。如确需贮存，则要将接穗置于阴凉处，并保持湿度，可存放 3~5 d。嫁接前苗圃地浇 1 遍水；嫁接后不要立即浇水，防止流胶。接口 10 d 左右即可愈合。春季嫁接，待嫁接芽萌发，新梢

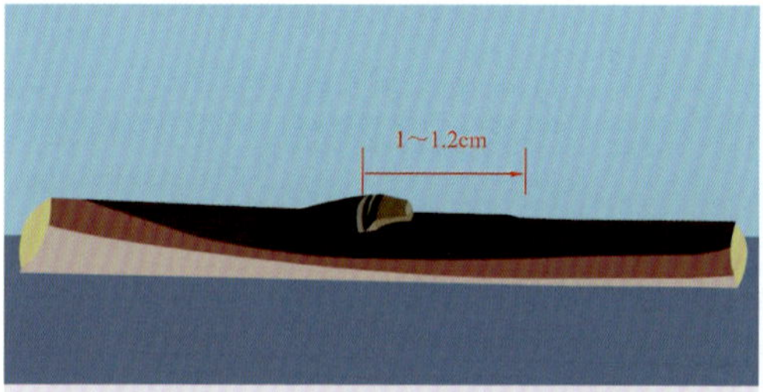

图 3-9　嵌芽接 - 削芽片（1）

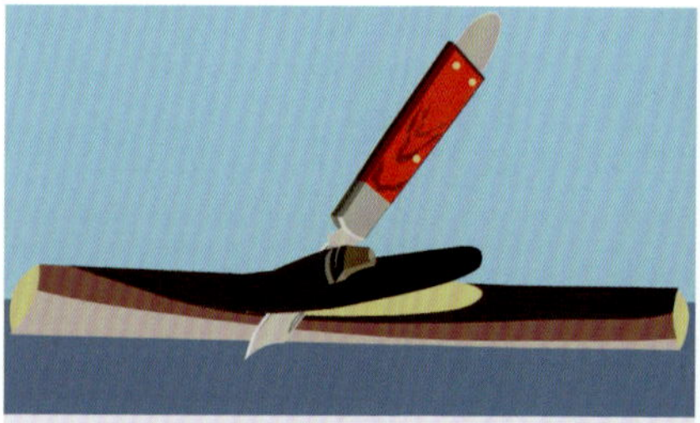
图 3-10　嵌芽接 - 削芽片（2）

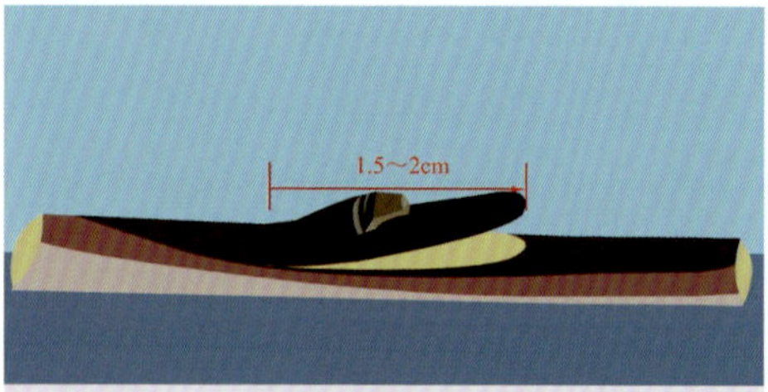

图 3-11　嵌芽接 - 削芽片（3）

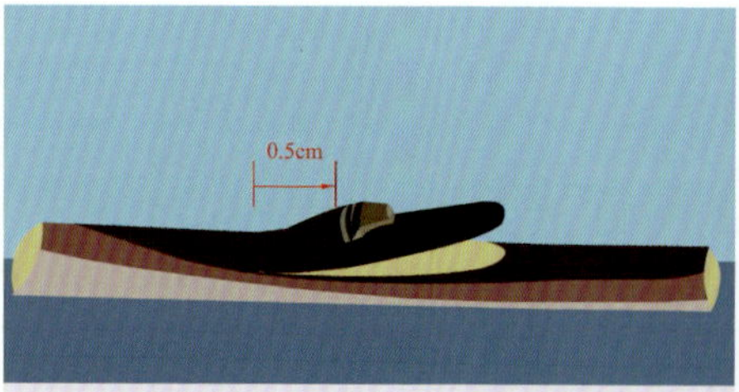

图 3-12　嵌芽接 - 削芽片（4）

20 cm 左右时，解绑剪砧。秋季嫁接，须待翌年春季树液流动后剪砧解绑。

(2) 枝接

樱桃常采用舌接的方法进行枝接。舌接多在春季萌芽期进行。其方法是：在春季萌芽前选用成熟度好、粗 0.5~1 cm 的 1 年生枝条(最好用春梢，秋梢成活

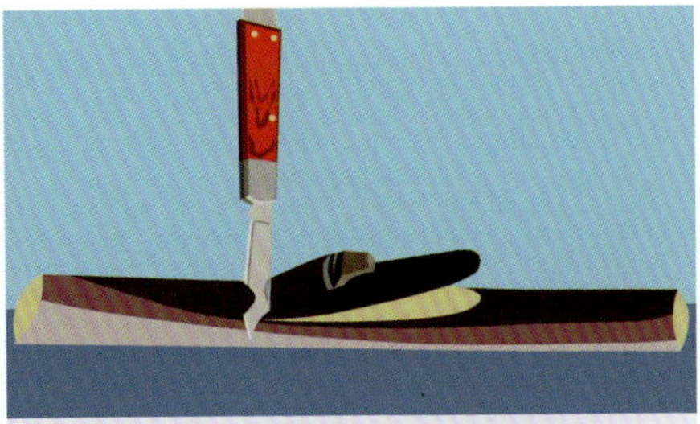

图 3-13　嵌芽接 - 削芽片(5)

图 3-14　嵌芽接 - 削芽片(6)

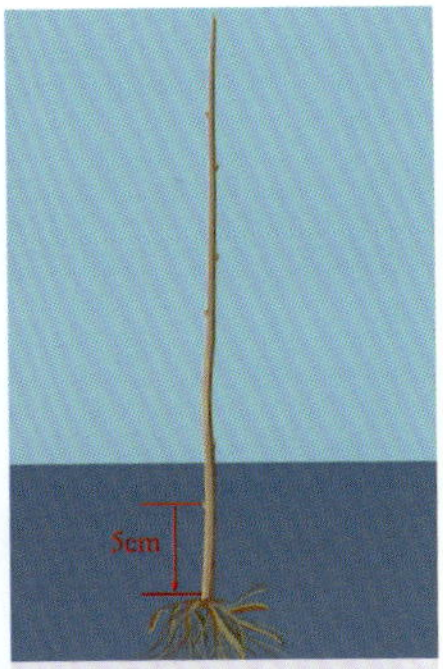

图 3-15　嵌芽接 - 切砧木(1)

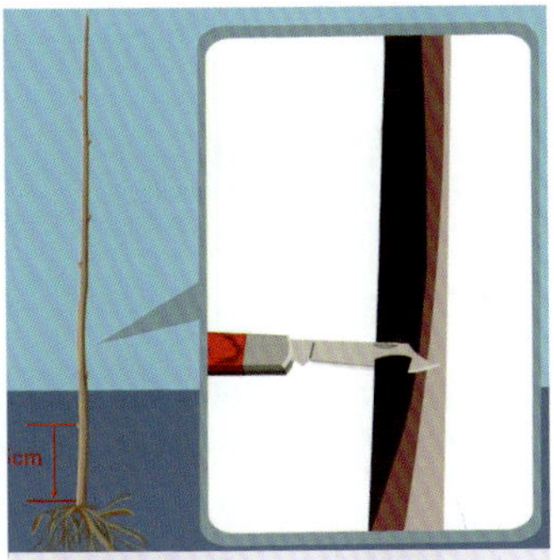

图 3-16　嵌芽接 - 切砧木(2)

图 3-17　嵌芽接 - 切砧木(3)

图 3-18　嵌芽接 - 切砧木(4)

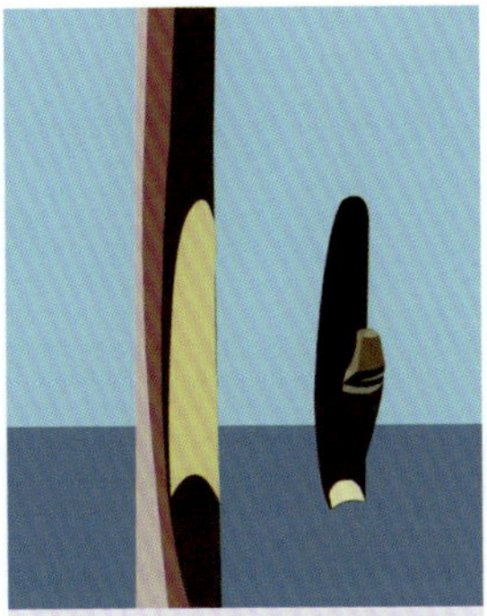

图 3-19　嵌芽接 - 插接穗(1)

图 3-20　嵌芽接 - 插接穗(2)

率低)，剪成带有 2~3 个芽的接穗，接穗上下两端蘸蜡，于塑料薄膜中保湿，贮藏于 4 ℃ 冰柜中。双舌接时，选用与砧木粗度相似的接穗，剪成 5~6 cm 长，在其下部芽的相反方向削成单削面，长 3 cm 左右，然后在削面的 1/3 处垂直切入刀。砧木也进行同样处理。然后将两者裂缝相对，以接穗插入砧木中，使一侧形成层对齐，然后进行绑缚。此法嫁接速度虽较慢，但因为形成层接合面多而大，是春季枝接中成活率最高的嫁接方法。

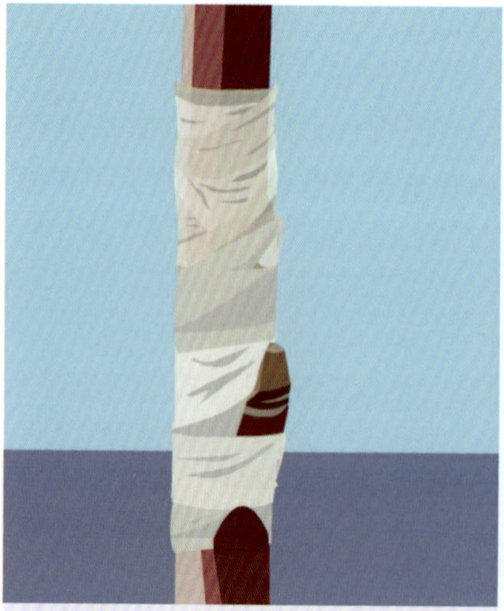

图 3-21　嵌芽接 - 绑缚

4. 嫁接后管理

(1) 检查成活与补接

芽接苗 1 周左右(有的 2~3 周)应检查成活情况，枝接苗应在接后 30~35 d 检查成活情况，以便及时补接。凡芽体和芽片叶呈新鲜状态，叶柄一触即落，表示已经成活。发现芽体变黑，芽片萎缩，叶柄触之不易脱落时，则表示嫁接未成活。

(2) 解除绑缚物

对嫁接已成活，愈合牢固的苗木，要及时解除绑缚物，以免因绑缚物对植株绞缢，影响营养的运输和生长。春季芽接，一般 20 d 左右可以解除绑缚，秋季芽接，当年不能发芽，为防受冻和干缩，不要过早地去掉绑缚物。枝接宜在新梢长到 20~30 cm、接合部已生长牢固时再除去绑缚。枝接过程中，要在砧基或接合部位培土保护。成活后临近萌发时，要及时破土放风，以利于接穗萌发和生长。

(3) 剪砧

春季芽接和枝接，应在嫁接时剪去接合部以上的砧木部分;秋季芽接的应在第二年春季萌芽之前剪砧。

(4) 设立支柱

在春季风大的地区，为防止接穗新梢风折和接口劈裂，当新梢高达 20~30 cm 时，应靠砧设立支柱，绑缚新梢，以减轻风摇和损伤。待害风季过后，再剪去砧条。

(5) 除萌蘖

嫁接后，特别是剪干嫁接，往往会在砧木接口以下或根部发出许多萌条和根蘖，消耗水分和营养，应随时将其抹除(图 3-22 至图 3-24)。当嫁接未成活时，则应从萌条中选留一枝直立、健壮的枝条，加强管理，以备补接时应用。

图 3-22　除萌前

图 3-23　除萌

图 3-24　除萌后

(6)防治病虫害

嫁接后应注意防治各种病虫害，包括细菌性穿孔病、褐斑病、根腐病、桑白蚧、二斑叶螨、梨小食心虫等，培育优质苗木。

知识链接

喷药技术与农药残留控制

一、喷药技术与效果

樱桃园病虫害防治效果的好与坏，除了与农药的对症选择有关外，还与喷药器械和喷药技术有密切关系。没有好的喷药器械和喷药技术，即便喷施了多次或多种农药，也不一定会收到理想的防治效果。

目前，喷药器械多为手动和机械动力为主。无论是手动还是机械动力的药械，关键是雾化要好，也就是说，雾滴要细小，使药液能够在枝干和叶片上形成一层连续的、密布的药液膜，这样才能起到全部杀死病菌和害虫的作用。如果雾滴大，药液容易积聚成水珠滴落，既达不到全面防治效果，也会造成药液的浪费。

喷药时要力求做到枝干和叶片均匀着药，尤其是叶背面要均匀着药。喷药时喷头不能离枝叶太近，距离在 50 cm 左右为宜；距离太近，雾滴大会影响喷药效果。喷药时还应提高喷雾器压力和及时更换喷头上的喷片，喷片孔越小，雾滴越细小，效果越好。

二、农药残留与控制

施用化学药剂防治病虫害，是目前乃至今后很长一段时间内需要使用的方法，但喷施化学药剂会在果实、土壤以及周围环境中或多或少残存微量的农药，或者有毒的代谢物质，这就是农药残留。因此在无公害果品生产中，要通过一系列技术措施，控制或避免农药在果品和环境中的残留。如果选择分解快、无残留或低残留的农药，并正确施用，即便是有微量残毒，对人、畜也是无害的；但是，如果不正确选择和施用，就会造成农药在果实及环境中的残留量过大，导致对人、畜的健康产生不良影响，或通过食物链对生态系统中的生物造成毒害。

控制或避免农药在果品和环境中的残留，要做到以下几点：

1. 选用低毒、低残留农药品种

随着农药工业的发展，农药品种不断更新，一些高效、低毒、低残留的农药的防治效果明显优于老品种，应合理选择用药。如防治刺吸式口器害虫的吡虫啉，其有效成分用量只有氧化乐果的1/40；防治叶螨的阿维菌素，其有效成分用量只有三氯杀螨醇的1/56。

2. 减少农药用量

农药用量过大表现在两个方面：一是用药次数多，二是用药剂量大。要想降低农药用量，一是要根据病虫害的发生规律，在防治关键时期喷药，不要没病没虫时也打药(俗称保险药)，减少农药的使用次数。二是严格按照农药产品标签的推荐用量使用，不可以随意加大剂量，以减少单位面积上的绝对用药量。按照农药标签所规定的用量喷药，要求把药剂均匀喷施于农作物上，避免重喷和漏喷。

3. 交替使用不同类型的农药

我国在无公害农产品生产中规定，允许使用的农药品种，原则上在一个生产季只使用一次。在选择农药时，除了用不同类型的农药轮换使用外(如拟除虫菊酯类、有机磷类、昆虫生长调节剂类等)，还可以用同一类型中的不同品种交替使用(如有机磷中的辛硫磷、毒死蜱等，或拟除虫菊酯中的氰戊菊酯、氯氰菊酯等)，这样就可以做到一种农药在一个生长季节使用一次，而且不会造成农药残留超标。另外，农药交替使用还可以延缓病虫害对农药产生抗药性。

4. 采用多种施药方法

针对害虫的发生规律，可以采取树干涂药、枝干局部喷药、地面用药等方法，从而减少树上喷药次数。

5. 提高农药利用率

改大容量喷雾淋浴法为小容量或低容量雾化喷雾法，尽量不在风力较大时喷药，提高农药利用率，降低污染和残留。

6. 学习相关知识、培养环保意识

大部分农民缺乏对用药的法律、法规及有关农药毒性科学知识的了解，要自主参加相关宣传教育、培训，提高自身素质，培养环保意识，营造一个控制农药残留污染的环境氛围。

(7) 培土防寒

在北方地区，嫁接苗与播种苗及其他营养繁殖苗一样，应注意防旱防寒，特别是嫁接的接合部，要顺苗行培土，高度以 20 cm 盖住接口为宜。

图 3-25　樱桃嫁接苗定干

(8) 圃内整形

当嫁接苗长到一定高度时，应按照树种特性、栽植地条件、树形类别、培养目的的要求进行定干（图 3-25）。定干后，可按树形要求通过抹芽、除蘖、疏枝、短截、攀扎等方法进行整形（图 3-26）。

图 3-26　一年生苗生长状态

三、苗木如何出圃?

樱桃苗一般在晚秋至封冻前出圃(图 3-27)。起苗前 1 周浇水,保持土壤湿润。苗木起出后,及时分级,避免长期曝晒。剔除带有樱桃根癌病、樱桃根腐病、樱桃干腐病、樱桃流胶病的植株,有明显病毒病特征的病株应销毁。按苗木等级标准分级后将不同等级的苗木每 30~50 株扎为 1 捆(图 3-28 和 图 3-29),挂上品种和砧木型号标签,然后用抗根癌菌剂与水、黏土制作泥浆蘸根,用麻袋或蛇皮袋包住根,包内填充保湿材料,及时运至用苗地。暂时运不走时要开沟假植。樱桃苗木的分级标准见表 3-2。

图 3-27　一年生苗落叶后

图 3-28　一年生樱桃苗

图 3-29　二年生樱桃苗

表 3-2　营养系甜樱桃苗的质量标准

项目		级别	
		一级	二级
品种与砧木类型		纯正	
根	侧根数量	10 条以上	10 条以上
	侧根基部粗度	0.4 cm 以上	0.34 cm 以上
	侧根长度	20 cm 以上	
	侧根分布	均匀，舒展而不卷曲	
茎	砧段长度	10~20 cm	
	苗木高度	120 cm 以上	80 cm 以上
	苗木粗度	1.0 cm 以上	0.8 cm 以上
	基倾斜度	8° 以下	
根皮与茎皮		无干缩皱皮，无新损伤处，老损伤处总面积不超过 1 cm^2	
芽	整形带内饱满芽数	8 个以上	6 个以上
嫁接部位愈合程度		愈合良好	
砧桩处理与愈合程度		砧桩剪除，剪口环状愈合或完全愈合	
苗木成熟度		木质化程度良好	
病虫害		无根癌病、干腐病及其他检疫病害	

第四章
Chapter 4

温 室 甜 樱 桃 栽 植

一、园址如何选择与规划？

甜樱桃温室栽培成功与否、效益高低，栽培品种和栽培技术起着决定性作用。除此之外，栽培设施是否合理也起着至关重要的作用。栽培温室的结构将直接影响其升温时间、保温效果以及采光性能，进而影响树体生长发育和果品的产量、质量。因此，温室建造是甜樱桃温室栽培的关键环节，应从长远考虑，认真规划和合理选择设施场地。

具体来说，温室建造应遵循以下原则：

1）要把樱桃园建在有利于甜樱桃健壮生长，容易实现早熟、优质、丰产的地方。具体要求是场地应背风向阳，东、西、南三面无高大树木或建筑物遮挡。

2）要考虑土壤条件。应选择在土层比较深厚，土壤疏松肥沃、透气性好，土质为无盐渍化的沙壤土和壤土的地块上建园。对土壤黏重的园块须进行土壤改良。

3）要考虑水源和排灌条件。甜樱桃对土壤水分状况敏感，应选择地下水位低、有灌溉条件且排水良好的地块建园。

4）要考虑销地远近和交通运输条件。建园应选择交通便利的地方，最好在公路干线附近，以利于产品运销。但不宜过分靠近道路，避免尾气和尘土污染，还要避免在厂矿附近建造，以防尘埃和有害气体污染。

二、温室甜樱桃如何定植和管理？

1. 一根棍苗的定植和管理

生产上，生产者一定要根据立地条件、品种、砧木、劳动力状况和技术水平，选择适宜的树形和修剪方式。一根棍是从纺锤形演变而来的，只是把树体的生长控制得更为严格，使植株在整个生命结果期全部以一年生果枝的基部单生花芽结果为主，代替以往的花束状短枝簇生的小花芽结果，习性明显区别于其他树形。这样可以获得更理想的叶果比，生产的果实更大，质量更好。虽然单株产量有所降低，但在生产中可以通过提高栽植密度来弥补。一根棍树形需要采用矮化和早实的砧木，如吉塞拉 5 号。若甜樱桃品种长势弱（桑缇娜）或者为自花授粉品种（拉宾斯），可以采用稍旺的砧木，如吉塞拉 6 号和吉塞拉 12 号。一年生果枝基部花芽的结果能力强、长势旺、直立性强，容易产生侧枝的品种比较适合这种树形，比如甜心。

(1) 适宜栽培的品种及砧木要求

1) 设施栽培的品种要求　目前我国甜樱桃设施栽培主要以促早熟为目的。在品种选择方面，应选择需冷量低、早熟丰产、果实个大色艳、品质优、早果性好、抗性强等综合性好的品种。以花粉多、与主栽品种授粉亲和力好、需冷量相近的品种为授粉品种。温室栽培品种搭配应以早熟为主、早中熟搭配、中晚熟作为授粉品种搭配，主栽品种占 60%~70%，授粉品种占 30%~40% 为宜。

2) 设施栽培的砧木种类要求　由于受空间的限制，设施栽培对砧木种类与抗性的要求与大田栽培有所区别，一般要求用矮化或半矮化砧木，根系发达与嫁接品种亲和力好，且能抗根癌病。目前较好的砧木种类有吉塞拉系列砧木 6 号、12 号、莱阳矮樱桃等。

(2) 栽植模式的选择

1) 控根器栽植模式　在甜樱桃发展历史上，有过三次产业革命。第一次是通过嫁接，提高甜樱桃树的成活率及养分供应能力。第二次是人工授粉的发明，提高甜樱桃的授粉率，将甜樱桃的单产量提高到了每亩产 1 000~1 250 kg。第三次是控根器栽植模式的发明。这一技术解决了甜樱桃密植栽培的难题，打破了土壤、气候、地域对甜樱桃种植的限制，使果品上市时间可控，亩产量提高到 3 000 kg 以上，并大幅度提高了甜樱桃的商品价值。传统大棚甜樱桃，种植密度低、产量低、难管理、对土壤要求高、树体成活率低，每亩只能栽 33~56 棵树，丰产期产量也只有每亩 1 000~1 500 kg；而控根器模式栽植的甜樱桃，每亩可栽 600~1 000 棵及以上（图 4-1），进棚当年即可结果。通过特殊栽培、嫁接矮化的方式，使甜樱桃的管理简单、根系发达、营养全面，第二年产量可达亩产 1 000 kg 以上，三年树龄产量可达亩产 3 000 kg。

图 4-1　控根器一根棍栽植

图 4-2　槽式一根棍栽植

2）槽式栽植模式　此栽培模式与控根器栽培模式类似，但更节省成本。具体做法是：首先挑一个宽 1 m，深 0.6 m 的沟。沟的两侧铺 0.5 m 的无纺布，底部铺 0.6 m 的毯子（图 4-2）。长度根据大棚长度定。然后把生土填入槽的底部，中间加微生物菌剂（有机肥），每亩 400 kg 以上。有机肥上加上熟土并搅拌。两侧挑出深 0.3~0.4 m 的排水沟。这就形成了一个大的槽式控根器。然后在这个槽上栽上行距 1.6 m、株距 0.5~0.8 m 的甜樱桃。

(3) 栽植时间

甜樱桃栽植最佳时间在秋季 10 月到 12 月上旬上冻前。此时栽植地温高，根系伤口愈合早，还可抽发一定数量的毛根，来年生长量大。

(4) 定植前苗木根系处理

定植前应先将苗木品种分类，苗木分级后剪去不好的根（图 4-3）。根系修剪应在栽植前 1 d 进行。然后把苗木根放入水中泡 6~12 h，使根系吸水充足，捞出后再用多菌灵和 84 消毒。这样处理后控根器栽植的一般能形成 10~20 个叶簇状花芽，定干（图 4-4）的也能形成 15~20 个螺旋状排列的小枝组。

(5) 强制休眠

打破休眠，升温管理，同时加强病虫害防治。

图 4-3　苗修剪根系

图 4-4　定干

知识链接

立 枯 病

立枯病又称烂颈病，属苗期病害。主要危害樱桃砧木苗及多种果树砧木苗。

(1) 症状：苗染病后，初期在茎基部产生椭圆形暗褐色病斑，病苗白天萎蔫，夜间恢复。后期病部凹陷腐烂，绕茎一周，幼苗即倒伏死亡。

(2) 传播途径：病菌在土壤和病组织中越冬，从种子发芽到出现 4~5 片真叶期间均可染病，但以子叶期染病较重。幼苗出土后，遇阴雨天气，病菌迅速蔓延，蔬菜地和重茬地易发病。

(3) 防治方法：应选用无病菌的新地块，或回填沙壤土的地块作苗圃地，避免重茬。播种时使用 0.05% 炭疽福美药土防治或 70% 甲基托布津等做药土防治。每平方米用药 8~9 g 兑土 1 kg。幼苗发病前期喷药防治，可选用 70% 土菌消（恶霉灵）可湿性粉剂 1 000 倍液；或 50% 福美双可湿性粉剂 500~750 倍液；或 70% 甲基硫菌灵（甲基托布津）可湿性粉剂 800 倍液喷雾，5~7 d 喷一次，连喷 2~3 次。

知识链接

冠 瘿 病

【病害识别】该病现在我国樱桃种植局部区域为主要病害，危害植株的根、主干、枝条等部位。发病初期出现灰白色松软的瘤状物，后期增大变褐，并且前期触摸较嫩、表面光滑的瘤状物逐渐扩增成不规则的块状或椭圆状，地上部发病部位接触空气后表面变为黄褐色，干燥后变为暗褐色的硬质胶块。直径较大的瘿瘤表面由于病斑外皮坏死脱落呈现出许多凸起状的小木瘤，表面龟裂、粗糙，呈菜花状，质地坚硬。瘤体生长的后期阶段呈现快速增长，多达 20 个以上，瘤体大者直径可达 10 cm，小的似核桃。严重的瘤体表面会伴有流胶的现象，流胶严重的会破坏患病植株的输导组织韧皮部，进而阻碍营养物质的运输与传输，导致树体逐渐衰弱。

【传播途径】病原细菌在病组织中越冬，通过各种伤口侵入寄主体内。传播媒介有水和昆虫。土壤湿度大、通气性不良时易发病。中性和微碱性土壤、微酸性土壤发病轻，重茬地和菜园地发病重。

【防治方法】

(1) 植物检疫：苗木调运前必须经过检疫，坚决杜绝带病苗木传播。

(2) 农业防治：选用抗病力强的砧木。苗木出圃前要进行检查，剔除病苗，同时加强田间管理，多施腐熟的有机肥，增强树势。

(3) 生物防治：选用根癌宁生物农药 30 倍液稀释液蘸根，或涂抹苗木嫁接伤口起保护作用。

(4) 化学防治：苗木定植前，对接口以下部位用 1% 硫酸铜液浸 5 min 再放入 2% 石灰水中浸泡 1 min。定植后发现癌瘤时，先用刀切除癌瘤，再用 20% 噻唑锌悬浮剂 50 倍液或 10% 农用链霉素可湿性粉剂 1 000 倍液涂抹伤口，外涂凡士林保护，也可用生物制剂灌根。

(6) 栽植后修剪管理

1) 第 1 年整形修剪　在新发出的主枝新梢长至 7~10 cm 时，用牙签开角，使主枝基部与中心干呈 90°。牙签可以在 2~3 周后拿掉，或者随着主枝新梢的延长，牙签逐渐往外移动，以确保新梢水平生长。中心干上的芽只有在刻芽的情况下才能抽生枝条，否则容易形成束状花芽。整形期间，顺行向拉 2~3 道铁丝，用以绑缚树体，保证直立生长，排列均匀。第 1 年树体要达到最终高度的 75%，促发 10 个以上分布均匀，长势一致、中庸的主枝，基部的主枝第 2 年具备结果能力。第 1 年休眠季整形修剪，主要是继续实施促发主枝措施，开始对已经形成的主枝进行"短梢"修剪，保证翌年形成合理的叶果比；更新或者培养新的结果主枝。所谓"短梢"修剪，就是每年去除一年生枝条的大部分长度，只保留基部的花芽和至少 2 个叶芽，保证第 2 年能继续形成新的枝条。

中心干下部的主枝可以比上部主枝留的稍长，以抵消顶端优势。短梢修剪可以在花芽膨大时进行，此时容易区分形态饱满的花芽和较瘦弱的叶芽。中心干延长头的处理同上述定植后的方法，目的是在未来的生长季继续促发另外 10 个或以上的主枝，直到中心干的高度达到整形要求为止。如果第 1 年中心干上形成了过多的花束状短枝，导致抽生的主枝数量不够，可以把花束状短枝上的花芽全部抹掉，只保留顶部的叶芽，春天继续使用生长调节剂促进抽枝。

2) 第 2 年及以后整形修剪　中心干上新发出的主枝新梢长 7~10 cm 时，继续用牙签开角，保持其水平生长，管理同第 1 年生长季。在萌芽后 4~5 周或采果后，回缩至下部相对较弱的主枝处，控制过旺生长。第 2 年树冠达到最终高度，中心干上分布均匀的主枝数达到最终数量的 70%，第 3 年达到 100%。第 2 年进入结果期，第4年或第5年进入丰产期。保持树体稳定生长。

第2年及以后休眠期整形修剪，要对所有的主枝进行短梢修剪或选择性更新，保持树势的平衡和合理负载量。对每个结果主枝保留基部的花芽和之后至少2~3个叶芽进行短梢修剪，以促进叶幕更新。当主枝延伸过长，结果部位离中心干较远时，回缩成短桩，促发新的一年生枝，使结果部位重新靠近中心干。

2. 多年生树的定植和管理

目前，在甜樱桃的适宜栽培地区，往往是在露地樱桃园中，选择适宜品种和行向适宜的结果大树，直接扣棚生产。为了达到当年栽植、翌年见效益的目的，大多数生产者采取移植5~10年生结果大树的方法。这不仅是不适宜露地栽植区从事保护地生产的一条有效捷径，也是甜樱桃选地适宜栽植区常用的一种生产方法。栽植5年生以上树龄的结果大树，栽植当年管理的重点是勤浇水保成活，使树体尽快恢复生长；栽后第二年的管理重点是防止徒长，促进花芽分化。

(1) 树体选择

树体选择的原则是树龄必须在5年以上(但不要超过10年生)，而且主、侧枝分布均匀，竞争枝和徒长枝少，花束状结果枝多，树势健壮。枝干无癌肿病，根颈处无椒瘤、无冻害、流胶病、皱叶病，无桑白蚧壳虫等主要病虫害。

(2) 栽前准备

移栽前先将栽植沟挖好，再安排栽树和移树。栽植沟深60 cm(图4-5)、宽150 cm。施入适量有机肥后，回填，放水沉实。地表稍干时挖好栽植穴，栽植穴深40 cm，长、宽各100 cm。株行距依据树体大小和温室宽窄而定，可采用2 m×3 m，3 m×3 m或3 m×4 m的方式。秋季移栽大树的时间选择在霜冻后，移栽前须摘掉树上未脱落的叶片。春季移栽大树的时间选择在树体发芽前。

图4-5　挖栽植沟(1)

图4-5　挖栽植沟(2)

(3) 起树与运输技术

起树时从树冠外围垂直投影下的树盘外围向内挖土，将土往外倒，外侧浅内侧深，外侧大约深 30 cm，内侧深 50 cm。挖土时不要碰伤主根系，更不要切断主根系，尽可能多保留须根系（图 4-6 和图 4-7）。挖至距离坑中心 20 cm 左右时轻轻试推主干，没有粗根系与土相连时，将树推倒。树体推倒后立即用聚氯乙烯塑

图 4-6 带土拓起苗 (1)

图 4-6 带土拓起苗 (2)

图 4-6 带土拓起苗 (3)

图 4-7 裸根起苗 (1)

图 4-7　裸根起苗(2)

图 4-7　裸根起苗(3)

料薄膜包裹根系,即可运输。如果是远途运输,当日又不能栽植的,应将根系涂泥浆或喷生根剂后再用塑料包严。运输车的护栏要用草帘或其他包装物裹严,并将树体固定好,保证途中不发生摇晃,以免在运输途中磨伤枝干。

(4) 栽植技术

樱桃树运到栽植地后,要立即栽植。将树抬到栽植坑旁边,先除去塑料膜,再将树抬入栽植穴中央,将根系疏展开,边埋土边轻轻摇晃主干边踏实土壤,使土与根系无缝隙(图 4-8 至图 4-10)。

大树栽植技术

(5) 移植当年的管理技术

移栽当年主要是保成活和促进花芽分化。栽后要立即灌一次透水(图 4-11)。春季移栽的,待地表稍干时进行松土,松土深度 5~8 cm,松土后立即覆盖地膜保湿增温。栽后的浇水次数,要依据叶芽萌发后树叶萎蔫情况确定,通常情况下,栽后至雨季前需浇水 5~8 次。苗木成活后的 6 月中下旬左右除去地膜。适栽区域以北地区,于秋季移栽的,应将树移栽在有覆盖的保护地内,栽后浇一次透水。当气温低于 –5 ℃ 时,及时覆盖保温材料,保持室温在 5~9 ℃,保证树体不受冻害。

为使树体尽快恢复,萌芽后除了要勤浇水外,还可喷布 2~3 次植物动力 800 倍液。如果开花后叶片发生萎蔫,可往树体及叶片上喷清水,也可在阳光强烈时短时间放覆盖物遮阳。移栽当年的花期,应于花芽现蕾时及时疏除大量花蕾,以免开花结果过多影响树体恢复和花芽分化。当年留果量也不宜过多,每株最多

图 4-8　挖大树

图 4-9　栽植

图 4-10　栽后修畦埂

图 4-11　栽后浇水

留 1.0~2.5 kg，以恢复树势为主。

移栽当年的 5 月中下旬进行土壤施肥，每株施入复合肥 1 kg 左右。5 月下旬至 7 月中旬，注意叶面喷施 3~4 次 600 倍液活力素 +500 倍液尿素，促进植株生长和花芽分化。8 月中下旬至 9 月初追一次有机肥 + 过磷酸钙肥。

(6) 移栽后第二年的管理技术

移栽后第二年树势已恢复，易发生过旺生长现象，注意灌水不要过勤过多，适当控制水分和氮肥。除正常管理外，开花后半月开始至果实采收后一个月，注意叶面交替喷施 5~6 次 400 倍液活力素，或 300 倍液磷酸二氢钾，控制旺长，促进花芽分化。生长期进行摘除延长枝顶端的旺长嫩梢和主枝背上直立的徒长梢。如果长势偏旺可叶面喷施 PBO 进行控制。

第五章
Chapter 5

温室甜樱桃整形与修剪

一、整形修剪相关的术语有哪些?

1. 主干

从根颈以上到着生第一个分枝部位的树干(图 5-1)。

2. 树冠

主干以上的整个树体部分。树冠由各种枝类组成,分为中心干、主枝、侧枝、发育枝、结果枝等。

3. 中心干

树干以上,在树冠中心向上直立生长的骨干枝,又称为中央领导干(图 5-1)。

4. 根颈

根与茎交接的位置即是根颈(图 5-1)。

5. 主枝

从中央领导干上分生出来的大枝,是树冠的主要骨架(图 5-1)。

6. 侧枝

从主枝上分生出来的,具有一定位置、方向和角度的最末一级骨干枝,其长势、长度都低于主枝(图 5-1)。

7. 骨干枝

中央领导枝、主枝、侧枝都是树冠的骨架,称为骨干枝。

8. 辅养枝

从骨干枝上分生出来的,作为临时补充空间用的,并用来辅养树体增加产量的枝叫“辅养枝”。

9. 背上枝

在水平枝或斜生枝背上萌发的枝条,多直立生长,这一类枝条称为背上枝。

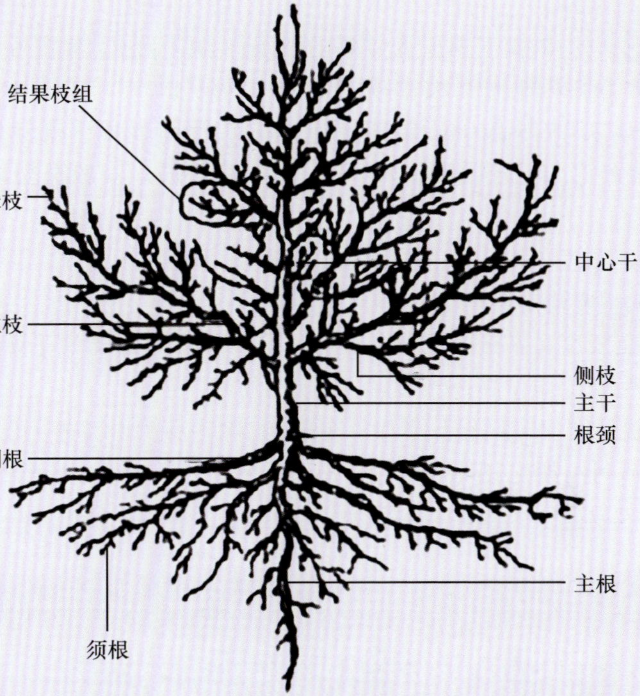

图 5-1　树体结构

10. 徒长枝

一般由潜伏芽萌发而成，直立且生长旺盛不易成花的枝条称为徒长枝。

11. 竞争枝

与剪口下第一芽枝粗度、长势近似的枝条，通常为第二芽枝(图 5-2)。此类枝条处理不好，往往扰乱甜樱桃的树形。

12. 发育枝

一年生枝条腋芽和顶芽都是叶芽的叫“发育枝”。

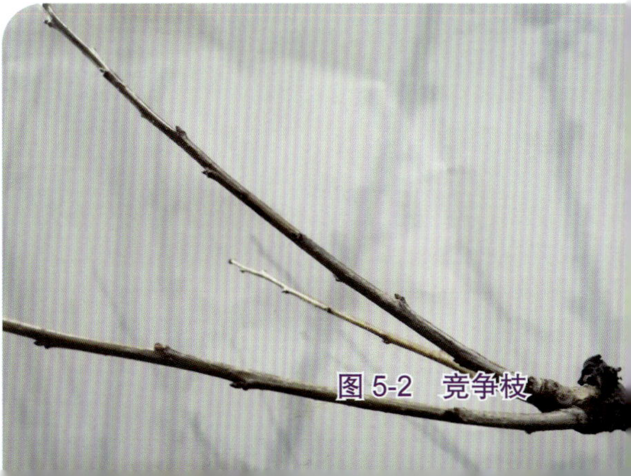

图 5-2　竞争枝

13. 结果枝

着生花芽的，并能正常开花结果的枝条称为结果枝。甜樱桃的结果枝按长度不同可分为长果枝、中果枝、短果枝和花束状果枝。

长果枝：长度 15~30 cm，基部腋芽为花芽，顶芽及中上部芽均为叶芽。结果后，基部光秃，上部则继续抽生不同长度的果枝。一般在初果期树上比例较大。

中果枝：长度 5~15 cm，除顶芽和前端的几个芽为叶芽外，其余芽均为花芽。不是樱桃的主要结果枝类型。

短果枝：长度在 5 cm 左右，除顶芽为叶芽外，其余芽均为花芽。在二年生枝中下部较多，花芽质量高，坐果力强，果实品质好。

花束状果枝：长度极短，年生长量极少，除顶芽为叶芽外，其余芽均是花芽（图 5-3）。节间极紧凑，芽密集簇生，是甜樱桃盛果期时最主要的结果枝类型；花

图 5-3　花束状果枝

芽质量好，坐果率高，是丰产稳产的保障。花束状果枝寿命可维持 7~10 年及以上。

14. 结果枝组

由若干个结果枝组成大小不等的结果枝组。结果枝组按大小可分为大型结果枝组（图 5-4）、中型结果枝组（图 5-5）和小型结果枝组（图 5-6）。

15. 单轴枝组

又称“鞭杆形枝组”（图 5-7），由枝条连年缓放或轻短截，形成主轴明显的以短果枝、花束状果枝为主的细长枝组。

16. 芽的早熟性

甜樱桃当年形成的新梢，能连续形成二次和三次分枝，这种特性称为芽的早熟性。樱桃的芽和其他核果类果树相似，具早熟性，在生长季节摘心、剪梢

图 5-4　大型结果枝组

图 5-5　中型枝结果枝组

图 5-6　小型结果枝组

图 5-7　鞭杆形枝组

可促发副梢。在开花后对新梢保留 10 cm 左右摘心，能萌发出 1~2 个中、长枝，下部萌芽形成叶丛枝；新梢保留 20~40 cm，摘去 10 cm 以上的梢部，能促发 3~4 个中、长枝；摘心过轻，则只能萌发 1~2 个中、长枝。在一年中可连续摘心 2~3 次。整形时可利用这一特性对旺枝、各主枝多次摘心，迅速扩大树冠，加快整形过程；初果期树可利用连续重摘心控制树冠，促进花芽形成和培养结果枝组。

17. 芽的异质性

在甜樱桃一年生枝的上、中、下不同部位着生的芽，其大小和饱满程度均有差异，这种差异叫芽的异质性。樱桃的芽根据其着生部位可分为顶芽和腋芽，按其性质可分为叶芽和花芽；樱桃的顶芽都是叶芽，而腋芽既有叶芽也有花芽。在一个发育枝上，只有基部几个芽较小而瘪，中上部的芽都比较饱满，全为叶芽，在梢顶端通常有一个或轮生 2~3 个饱满的叶芽。长、中果枝一般只有基部或中下部形成花芽，上部及顶芽都是叶芽；短果枝和叶丛枝只有顶芽为叶芽，其余的多为花芽。樱桃的花芽为纯花芽修剪时，剪口芽不能留花芽，如留花芽结果后会变成干桩而死亡，且这种无叶果枝上的果实营养不足，果个小、品质差。芽的异质性和修剪关系密切，骨干枝延长头一般剪到饱满芽处，有利于形成壮枝，促进树冠扩大；而剪到春秋梢交界处或新梢基部瘪芽处，则能有效地削弱枝条长势，促进早结果。

18. 萌芽率和成枝力

樱桃一年生枝上芽的萌发能力的大小称为萌芽率，一年生枝上萌发芽抽生长枝的能力称为成枝力。与其他果树相比，樱桃叶芽萌芽率高达 90% 以上，而成枝率相对较低，也因品种与树势而异。甜樱桃一年生枝上的芽全萌发成叶丛枝，成年后几乎全萌发为叶丛枝，树的萌芽力稍有降低。整形修剪要充分利用这些特性，以夏剪为主，多缓放，促控结合，促进花芽形成。成枝力较弱的品种，需适量短截，促发长枝，增加枝量。

19. 顶端优势

又称极性生长，可分为两类：①先端优势。枝条顶端的芽萌发力强，新梢生长旺盛，向下各芽生长势依次减弱；强枝或剪口留壮芽的先端优势更强。②垂直优势。背上枝生长势较强，背下枝生长势弱，平斜枝、下垂枝的延长枝生长势转弱，其背上枝的生长势明显转旺。直立枝上的顶芽兼具上述两种优势，新梢生长势最强，如枝条角度大，则两种优势分散，使生长势趋于平缓。在修剪时常利用这种特性，进行拉枝、拿枝、扭梢等办法加大枝条角度，控制先端生长势，也可利用抬角来增强树势。

20. 结果习性

不同的樱桃品种，修剪时的主要差异是在结果枝的类型上。以短果枝结果为主的品种，中、长果枝结果较少，此类品种以那翁为代表，在修剪上应采取有利于短果枝发育的甩放修剪，增加短枝数量。树势较弱时，适当回缩，使短果枝抽生发育枝，进行枝组更新，然后再甩放。而以中长果枝结果为主的品种类型，短果枝结果比例较少，如大紫，为促进中、长果枝的发育，应有截有放，放缩结合；如果不进行短截，中长果枝会明显减少。长、中、短果枝比例相当的品种类型应适度修剪。

二、与修剪有关的生物学特性有哪些？

1. 树势强旺，生长量大

樱桃树势强健，当年生长量大。在乔砧上，甜樱桃幼树新梢可生长 2 m 以上，过旺的营养生长延迟了生殖生长的进程，这是樱桃幼树进入丰产期相对较晚的重要原因之一。

2. 萌芽率高，成枝力弱

与其他北方落叶果树相比，甜樱桃萌芽率较高，一年生枝除基部几个瘪芽外，绝大多数均可萌芽。但在自然缓放的情况下，只有先端 1~3 个芽可抽生较强旺枝，其余多为中短枝，中后部甚至不能成枝，仅萌芽几个叶丛枝。大枝上的中短分枝易转化为各类结果枝。

3. 顶端优势及干性强，枝条生长势两极分化严重

顶端、直立、背上的枝条长势强，而下端斜生、背下的枝条长势弱。枝条的两极分化严重，形成优势枝条延长，劣势枝条（包括叶丛枝）干枯脱落的现象。所以，抑制甜樱桃顶端优势，均衡树势，刺激小枝抽生，防止内膛光秃，促进立体结果是重要的修剪目标。

4. 不同树龄对修剪反应的敏感程度不同

樱桃幼树对修剪反应极为敏感，中长枝短截后普遍发生 3 个以上强旺新梢，生长量大，对增加分枝有利。中长枝缓放，极易形成串枝花，大量结果。成龄树大量结果后，对修剪反应会迟钝，一般的回缩、短截等复壮效果均不明显，需加大修剪量，以保证剪口下能发出较强旺枝，达到复壮目的。根据甜樱桃这一特性，不同树龄应用不同修剪方法，合理调整营养生长和生殖生长的关系，使甜樱桃能在生长健壮的基础上稳产、高产。

5. 对光照要求高

樱桃是喜光照树种，内膛小枝如光照不良往往迅速枯死。樱桃叶片又较其他北方落叶果树的叶片大得多，因此不能单纯地模仿苹果、梨、桃、杏等果树的整形修剪技术。

三、整形修剪的基本原则是什么？

1. 随栽培模式选择树形，因树修剪，随枝做形

樱桃整形修剪的第一步是要根据栽植行株距来选择树形。不论何种树形，只要掌握好骨干枝安排和枝组搭配，保证光照充足，都可实现优质丰产。

在实际操作时，需根据栽植品种的生物学特性，不同生长发育时期、不同树龄、立地条件、目标树形等具体情况确定应采用的修剪方法和修剪程度，做到有形不死、无形不乱，塑造一个既不影响早期产量又丰产的树形，使生长与结果均衡合理，达到修剪的最佳效果。切忌大拉大砍，强造树形。

2. 严格掌握修剪时期，重视夏季修剪

樱桃的整形可分为冬剪和夏剪两个时期，但冬季修剪时，在落叶后和萌芽前这段时间很容易发生剪口干缩，出现流胶现象，消耗大量水分和养分，甚至引起大枝死亡。同时休眠期修剪只会促使局部长势增强，削弱整个树体的生长；一般修剪量越大，对局部的促进作用越大，而对树体的整体削弱作用越强。因此，樱桃冬季修剪的最佳时期是在树液流动之后至萌芽前。对于幼树，提倡夏季修剪。夏季修剪是指在生长期，采取摘心、扭梢、环割等措施，促进枝量增加和花芽形成，提高早期产量。各类枝在春季枝条长到一定长度时，应根据需要开张不同的角度，在夏、秋季做好拉枝工作，使营养生长向生殖生长转化，提早成花。

四、不同年龄树如何进行整形修剪？

1. 幼龄树整形修剪

幼龄树期是指从定植成活后到开花前这段时期。幼龄树期修剪的主要任务是依据丰产树形的树体结构特点和植株的具体情况，培养好骨干枝，促进幼树发育，促使果树提早结果。修剪的原则是轻剪、少疏、多留枝，扩大树冠，增加营养面积。

(1) 定植后第一年的修剪

苗木定植第一年，要经历一个“缓苗期”，长势一般不很旺盛。在这一年里，要根据整形的要求进行定干，并选留好第一层主枝。

定干高度要根据种类品种特性、苗木生长情况、立地条件及整形要求等确定。培养开心自然形时，定干高度为 20~40 cm；培养自由纺锤形时，定干高度为 60~80 cm。一般成枝力强、树冠开张的种类和品种以及平地、沙地条件下，定干宜高些；成枝力弱、树冠较直立的种类和品种以及山丘地条件下，定干高度可稍低。定干后的苗木，发芽前要在苗干近地面处绑缚喇叭形纸套，上端扎紧，下端开口，以防大灰象甲爬到苗干上食害初萌发的嫩芽。

定干后一般可抽生 3~5 个长枝。冬季修剪时，要根据发枝情况选留主枝。培养开心自然形时，要先选留好 2~4 个长势健壮、方位角度适宜的枝条作为主枝。定干后的剪口枝进行短截，及早开心，剪留长度 20 cm 左右。选作主枝的枝条，剪留长度一般为 40~50 cm。强枝宜稍短，弱枝可稍长。

培养主干疏层形、自由纺锤形时，要先选留定干剪口下的直立壮枝作中央领导干，剪留长度为 40~50 cm。再从其余枝条中，选留 2~3 个生长健壮、方位角度适宜的作为主枝，进行短截。

(2) 定植后第二年的修剪

经过一年“缓苗”之后，定植后第二年的甜樱桃幼树一般可以恢复生长，并开始旺盛生长。在这一年里，要采取生长期修剪的措施，控制新梢旺长，增加分枝级次，促进树冠扩大；通过休眠期修剪，继续选留、培养好第一层主枝，开始选留第二层主枝和第一层主枝上的侧枝。

生长期修剪的具体方法是：6 月中旬前后为新梢速长期，当新梢生长长度达到 20 cm 时，掐去嫩梢前端，使新梢加长生长暂趋停顿，促进侧芽萌发抽枝。如果新梢加长生长仍很旺盛，可每隔 20~25 cm 连续摘心几次。

休眠期修剪的具体方法要根据幼树的生长情况灵活调整。如果第一年已选足了第一层主枝，并且经过第二年生长期摘心，分枝较多，培养开心自然形的，即可在离主枝基部 60 cm 的部位，选择 1~2 个方位角度适宜的枝条，培养为一、二侧枝；培养自由纺锤形的，要在维持中干延长枝剪留长度 50 cm 左右的同时，切实控制好竞争枝和主枝背上的旺长枝。

不管是哪种树形，主枝的修剪长度一般都为 40~50 cm，侧枝的修剪长度约 40 cm。摘心分枝较多的，可在侧枝上选留副侧枝，剪留长度 30 cm 左右。树冠中的其余枝条，斜生、中庸的可行缓放或轻短截，长势过旺并与骨干枝相竞争的，可视情况疏除或行重短截。

(3) 定植后第三年至第五年的修剪

要根据整形的要求，继续选留、培养好各级骨干枝，要利用拉枝、撑枝等方法，调整骨干枝的开张角度，要维持好树体的主从关系，注意平衡树势，继续搞好新梢摘心，并开始培养结果枝组。

中干延长枝剪留 40~60 cm，抹去剪口下 2~4 芽，一般能抽生 3~5 个长枝，方位、角度适宜的，可选作主枝，斜生、中庸枝条，缓放或轻短截，促使形成花芽结果。

甜樱桃干性强，生长迅速，幼树期要切实维持好树体的主从关系，均衡树体长势，特别是在培养小冠疏层形和自由纺锤形时，要严格防止上强。采用自由纺锤形整枝的，至 3 年生可基本完成整形。此后可视树高适时开心，主枝长势强的，开心宜迟；主枝长势弱的，宜及早开心。

2. 初结果树整形修剪

结果初期是指从开始开花结果到大量结果之前的这段时期。这个时期是树体从营养生长向生殖生长的过渡期，此期修剪的主要任务是继续完成树冠整形，增加枝量，培养结果枝组，平衡树势，为过渡到盛果期创造条件。

(1) 继续扩大树冠，完成树形

进入初果期的幼龄树，由于苗木标准及采用树形等的不同，树形形成有早有晚。对于仍未完成树体整形的树，要继续通过适度剪截中央领导干和主枝延长枝，选择适当部位的侧芽进行刻芽促萌，培养新的侧枝或主枝。对于树体高度已达理想标准的树，可以在顶部一个主枝或顶部一个侧生分枝上落头开心。对于角度偏小或过大的骨干枝，仍需要拉枝开角，调整到应有角度。对于整形期间选留不当、过多过密的大枝，以及骨干背上大枝应及时疏除，以便将树体调整到合理结构，完成树冠的整形工作。在树冠覆盖率尚未达到 75% 左右时，仍然需要短截延伸，扩大树冠，占用空间。已经达到树冠体积的树，要控势促花芽，增加结果面积和花芽量。

(2) 培养结果枝组

甜樱桃结果枝组可分为鞭杆形枝组、紧凑型枝组以及大、中、小型结果枝组。

1) 鞭杆形枝组的培养　鞭杆形枝组长度一般在 1 m 以上，径粗在 2 cm 以上。其上着生各类结果枝组和小型枝组，分布越多，产量越高。这类枝组多由强弱不等、部位适宜的发育枝，经连年甩放或轻打头培养而成。其先端分枝采用强摘心控制或者疏除，使中下部多数短枝在缓放的第二年形成花束状果枝或短果枝。培养这类枝组，要注意加大分枝角度和改善光照条件。这类枝组更新难，主要依靠持续修剪，使大量的多年生花束状果枝和短果枝生长健壮，提高坐果率，延长结果期限。

2) 紧凑型结果枝组的培养　对背上旺枝可用极重短截法培养成紧凑型结果枝组，45~60 cm 的中庸枝可采用先甩放后回缩的方法培养紧凑型结果枝组。

3) 大型结果枝组的培养　一是对生长较旺的发育枝先甩放 1~2 年，使枝条的生长势得到缓和，再进行收缩，确定枝轴长度；二是对骨干枝背上直立枝采用重短截法培养大型结果枝组。

4) 中、小型结果枝组的培养　长度为 40 cm 左右的中弱枝，多数只能培养成中、小型结果枝组。方法是先修剪后缓放，然后再回缩。

(3) 均衡树势

甜樱桃在初结果期也需要平衡好各级骨干枝生长势力，理顺从属关系，即中干的生长要强于主枝，主枝要强于侧枝，下部主枝要强于上部主枝，同层主枝之间生长势要均衡。维持树体各级骨干枝位置和生长势，是保证丰产、稳产的基础。但生产中易出现各种不平衡现象，这就要求在修剪上抑强扶弱，促其平衡。

3. 盛果期树整形修剪

在正常管理条件下，经过 2~3 年的初果期，果树生长即进入盛果期。但进入盛果期之后，植株生长势开始衰弱。此期修剪的任务是保持健壮的树势，通过修剪和加强管理，调节好生长和结果的关系，达到年年高产、稳产的目的。

(1) 盛果期甜樱桃壮树的指标

外围新梢长度为 30 cm 左右，枝条粗壮，芽体充实饱满；大多数花束状果枝或短果枝具有 6~9 片莲座状叶片，叶片厚、面积大，花芽充实；树体长势均匀，无局部旺长或衰弱现象。

(2) 调整技术

盛果期大量结果以后，随着树龄的增长，树势和结果枝组逐渐变弱，结果部位外移。此时应采取回缩和更新措施，促使花束状果枝向中、长果枝转化，以维持树体长势中庸和结果枝组的连续结果能力。

1）鞭杆形枝组　通常采用缩放手法进行更新。当枝轴上多年生花束状果枝和短果枝叶数减少，花芽变小则应及时回缩，选偏弱枝带头，维持和巩固中、后部的结果枝。但不可重回缩，以免减少结果部位，降低结果能力。当枝轴上各类结果枝正常时，可选用中庸枝带头，以保持稳定的枝叶量。

2）中、小型结果枝组　根据果树中、下部结果枝的结果能力，可在枝组先端的2~3年生枝段处回缩，促生分枝，增强长势，增加中、长果枝和混合枝的比例，维持和复壮结果枝组的生长结果能力。特别要注意的是，维持和更新结果枝组生长结果能力，不能单独依靠枝组本身的修剪，还要考虑调节和维持其所着生的骨干枝的长势。当结果枝组长势衰弱、结果能力下降时，应在其所着生的骨干枝延长枝中选弱枝延伸，或轻回缩一个偏弱的中庸枝当头；当结果枝结果能力强时，其着生的骨干枝延长枝宜选留壮枝继续延伸。

对进入盛果期的树，在修剪上一定要注意甩放和回缩适度，做到回缩不旺、甩放不弱，这样才能达到结果枝组结果多、质量好的目的。

4. 衰老树的更新修剪

甜樱桃大量结果后，大约经过15年的时间，会因多数结果枝枝轴的延伸使结果部位远离母枝，生长结果能力明显减弱，进入衰老期。此时树势明显衰弱，果实产量和质量下降，应及时进行更新。修剪的任务是更新树冠和培养新枝，从中选留一些方向适当的枝芽，通过培养重新恢复树冠骨架。

更新时主要处理密集大枝，并在内膛光秃带培养结果枝。更新大枝，最好是分期分批进行，以免一次疏除大枝过多，削弱树冠的更新能力。在更新大枝时，若其上着生较旺的侧生枝，也可在这个较旺的侧生枝上端更新，以后培养为主枝。衰老树的内膛大都光秃，可利用树冠内膛徒长枝来培养大枝或结果枝，这就必须进行重短截，削弱其生长势，促进分枝，及早形成结果枝。更新的时间以早春萌芽前进行为好。如果仅骨干枝上部衰弱，中、下部有较强的分枝，也可回缩至较强分枝上进行更新，使树势尽快恢复。

5. 放任生长果树的修剪

放任生长的甜樱桃树，树无定形、结构紊乱，树冠直立、角度不开张，大枝多、外围枝头密挤，成花晚、花芽质量差、产量低。因此应该采用因树修剪，随枝作形，疏枝、开角相结合的办法，迅速加以改造和调整。

对于自地面就有较多大枝的无主干树，可以改造成丛状自然形。选择方位适宜、长度比较一致的4~5个大枝，用拉枝开角的方法，把角度调整到30°~40°。每个主枝上选留向冠外方向生长的侧枝5~6个，把角度开张到70°~80°。对于有主干而无明显中干、树冠基部有较多大枝的树，可以改造成自然开心形。改造方法如上。对于有比较明显中干的树，如树龄尚小、枝条角度大、开张还比较容易的，可改造成改良主干形；如树龄稍大，枝条角度大、开张有困难的，可以改造成类似苹果树的主干疏层形或三主枝改良纺锤形。

疏除大枝要慎重进行，可分期分批疏除，一般 2~3 年处理完毕。首先疏除严重扰乱树形的大枝，如丛状自然形或自然开心形选留主枝后的多余大枝，由竞争枝发展起来的“双(主)干枝”等。其次是疏缩一部分轮生枝、丛状自然形或自然开心形主枝上的大内向枝以及改良主干形中干上的过多过密大枝。疏除轮生枝时，可以采用“疏一缩一”法，避免对口疏枝。疏枝后第二年，在疏枝及其以下部位，可能由不定芽或隐萌芽发出一部分枝，在有空间处应及时摘心控制，培养分枝形成结果枝组，无空间处应及时抹掉。对其余可能反旺的枝条，也应通过夏剪，及时调整控制。

开张大枝角度时，要以拉枝为主，并以绳索固定，用铁丝栓住大枝条的 1/3 或 1/2 处，着力点用废胶管、硬纸板等物衬垫防止损伤皮层，下端用木桩固定在地下，把大枝向下拉至整形所需角度，防止角度返上。个别长势强、枝较粗、拉枝开角有困难的大枝，也可以适用大枝基部背面“连三锯”的方法开角，忌用背后枝换头。对外围枝头要疏缩多分头枝，实行“清头”。

经过清理大枝、开角、疏枝，可改善冠内光照条件，缓和外围极性，使内膛短枝、花束状果枝、叶丛枝得到保护。在此基础上全树轻剪缓放，可以很快形成大量的优质结果枝，为丰产创造条件。

五、主要树形有哪些？如何整形？

知识链接

甜樱桃树体类型与特性

樱桃的树体类型，常分为乔化型和矮化型两种。乔化树耐轻剪缓放，适宜稀植栽培，但也可以通过整形修剪或化控等措施进行植栽培。矮化树宜重剪，适宜密植栽培，更适宜温室和大棚栽植。矮化树轻剪缓放过重时，易成小老树，过早进入衰老期。

(1)乔化型树　乔化型的树是利用乔化砧木作基砧嫁接繁殖而成。乔化型甜樱桃，树体高大，生长势旺，顶端优势强，干强，层性明显；树高一般可达5~7 m，冠径可达5~6 m；进入果期较晚，正常管理条件下，4~5年开始结果，7~8年进入盛果期。乔化树对修剪反应敏感，剪后抽生的中长枝多，短枝少，轻剪缓放后，抽生的中短枝多，长枝少，易更新复壮。

(2) 矮化型树　矮化型的树是利用具有矮化特性的基砧或中间砧砧接繁殖而成。其树体矮小，生长势中庸，树高和冠径一般在2 m左右；进入结果期较早，正常管理条件下2~3年开始结果，4~5年进入盛果期。矮化树对修剪反应不太敏感，剪后中短枝、长枝少。轻剪缓放的枝条越多，树体衰弱越快。整体生长势严重衰弱时，其更新复壮要比乔化树难得多。

1. 小冠疏层形

(1) 树体结构

干高40~60 cm，树高3 m，冠径3~4 m。全树5~6个主枝，分3层排列，第1层3个，第2层2个，第3层1个。第1层每个主枝配备2~3个侧枝；第2层每个主枝配备1~2个侧枝；第3层不配备侧枝，只培养各类结果枝组。第1层距第2层60~70 cm，第2层距第3层50 cm左右。主枝开张角度60°，侧枝70°~80°。

(2) 整形过程

第1年，栽植后定干70~80 cm。保留剪口芽剪除第2~4芽，以加大下部分枝角度，然后定向刻芽3~4个，并在刻芽基部涂抽枝宝促进萌发，形成健壮新梢。生长期如果中干生长过旺可于晚夏对其摘心。秋季(8月下旬至10月上旬)拉枝呈60°左右。

图5-8　拉枝

第2年，春季对中心干留70~80 cm短截，去除第2~5芽，选留3个方位好、生长健壮的新梢作为第1层主枝培养，剪留60~70 cm，去除第2~4芽，同时在适当部位刻芽，培养侧枝。新梢长20 cm左右时，除骨干枝、延长枝外，其余新梢留10~15 cm摘心，培养结果枝组。秋季继续拉枝(图5-8)。

第3年，继续培养健壮、牢固的树体骨架；在促进骨干枝生长，加速整形的同时缓和局部长势，促进花芽分化，培养结果枝组。

春季修剪时，对中心干和第 1 层主、侧枝留 60~70 cm 短截，并去除第 2~4 芽，同时选留第 2 层主枝，培养方法同第 2 层主枝。结果枝组上的枝条酌情留 10~20 cm 短截。夏季新梢长 20 cm 时，除骨干枝外，其余新梢保留 10~15 cm 摘心。秋季继续拉枝。

第 4 年，在整形的同时，把重点放在缓和树势、培养枝组和促进花芽形成上。

春夏季时，选留第 3 层和第 2 层主枝上的侧枝。中心干延长枝缓放不剪或落头开心。根据空间大小短截主、侧枝延长头。中、长结果枝保留 1 个叶芽短截。空间大的可留 2~3 个叶芽短截，培养中、大型结果枝组。新梢长 20 cm 时摘心。主、侧枝和结果枝组带头枝、过旺枝叶可酌情摘心控制，以抑前促后。

此时，整形基本完成（图 5-9）。

2. 自由纺锤形

(1) 树体结构

中干直立粗壮，树高 3 m 左右，干高 50~60 cm，中干上着生 25~30 个骨干枝（下部 8 个左右，中部 13 个左右，上部 6 个左右）；骨干枝长度 1.5 m 左右，骨干枝粗度在 4 cm 以下，骨干枝角度 70°~90°（下部 90°，中部 80°，上部 70°）。

骨干枝间距 9~10 cm（下部 6 cm，中部 7 cm，上部 24 cm），亩枝量 27 500 条左右，长、中、短、叶丛枝比例 4 : 1 : 1 : 12（注：第一骨干枝至地上 80 cm 为下部，80~180 cm 为中部，180 cm 至顶端为上部）。

干高 40~50 cm，树高 3 m 左右。中心干直立，其上均匀着生 10~12 个主枝，不分层，插空排列，间距 20 cm 左右，开张角度 70°~80°。下部主枝角度较大，向上依次减小。主枝上不配备侧枝，直接着生各类枝组。树冠中心剖面为三角形（图 5-10）。

图 5-9　小冠疏层形

图 5-10　自由纺锤形

(2) 整形过程

第 1 年早春，苗木定植后，留 80 cm 定干，剪口处距顶芽 1 cm 左右，剪口涂抹猪大油或白乳胶，防止顶芽抽干。为促进顶芽快速生长，突出中心领导干优势，定干后将剪口下第 2~4 芽抹除，留第 5 芽，抹除第 6、7 芽，留第 8 芽。芽萌动时(芽体露绿)，对第 8 芽以下的芽进行隔三差五刻芽，然后涂抹抽枝宝或发枝素，促发长条；对距地面 40 cm 以内的芽不再进行刻芽或其他处理。

第 2 年早春，中心干延长枝留 60 cm 左右短截，中上部抹芽同第 1 年；对其中下部芽，在芽萌动时间隔 7~8 cm 进行刻芽，以促发着生部位较理想的长枝(骨干枝)。基层发育枝留 2~4 芽(细枝少留，旺枝多留)极重短截，促发分枝，增加枝量，减少枝粗。5 月下旬至 6 月上旬，对中央领导干剪口下萌发的个别强旺新梢，除第 1 新梢外留 15 cm 左右短截，促发分枝，分散长势。9 月下旬至 10 月上旬，除中心领导新梢外，其余新梢通过牵拉方式拉至水平或微下垂状态。

第 3 年早春，对中心领导枝继续留 60 cm 左右短截，抹芽、刻芽的时间与方式同第 1 年。对中心领导干上缺枝的地方，看是否有叶丛短枝；在叶丛短枝上方于芽萌动时进行刻芽(用手锯刻)，促发长枝，培育骨干枝。对个别角度较小的骨干枝，拉枝开张角度。对于美早、红灯等生长势强旺品种的骨干枝背上芽，在芽萌动时进行芽后刻芽(目伤)，促其形成叶丛状花枝。萌芽 1 个月后(烟台，5 月上中旬)，对骨干枝背上萌发的新梢进行扭梢控制，或留 5~7 片大叶摘心，促其形成腋花芽；对骨干枝延长头周围的“三叉头”或”五叉头”新梢，选留 1 个新梢，其余摘心控制或者疏除，使骨干枝单轴延伸。

第 4 年早春，对树高达不到要求的，对中心领导枝继续短截、抹芽、刻芽，其余枝拉平，促其成花。树高达到要求的，将顶部发育枝拉平或微下垂。树体成形后，骨干枝背上、两侧萌发的新梢，通过摘心、扭梢、捋枝等方式，培养结果枝组，防止骨干枝上早期结果的叶丛短枝在结果多年后枯死，避免骨干枝后部光秃现象出现，从而防止结果部位外移。生长季节及时疏除树体顶部骨干枝背上萌发的直立新梢，防止上强。

3. 细长纺锤形

(1) 树体结构

树高 2.8 m 左右，干高 0.7 m 左右；骨干枝数 >30 个，骨干枝角度 >90°，第一骨干枝最低处高度 0.6 m 左右，骨干枝间距 5~7 cm，骨干枝长度 <1.5 m，骨干枝粗度 <4 cm；亩枝量 28 000 条左右，长、中、短枝比例 2 ∶ 1 ∶ 8(图 5-11)。

(2) 整形过程

第 1 年工作要点：培养健壮强旺的中心领导枝。早春苗木栽植后留 1.1~1.2 m

图 5-11　细长纺锤形

定干，剪口离第 1 芽距离 1 cm 左右，剪口涂抹猪大油或白乳胶。剪除剪口下第 2、3、4 芽，保留第 5 芽，剪除第 6、7、8 芽，保留第 9 芽。其下每隔 7~10 cm 刻 1 芽，直至地面 70 cm 高度为止，70 cm 以下的芽不再处理。当侧生新梢长到 40 cm 左右时，扭梢至下垂状态，控制其伸长生长，促使中心领导梢快速生长。

第 2 年工作要点：促使中心领导枝萌发更多下垂状态的侧生枝。树体萌芽前，中心领导枝轻剪头，其他侧生枝留 1 芽极重短截，剪口距芽 1 cm 左右，剪口涂抹猪大油或白乳胶。芽体萌动时，对中心领导枝每隔 5~7 cm 进行刻芽(用小钢锯)，每刻 4~5 芽清理锯口锯末一次，刻后涂抹普洛马林。

萌芽 1 个月后(烟台，5 月上旬)，对中心领导梢附近的竞争梢留 2~5 芽短截，控制竞争梢。萌芽 2 个月后(烟台，6 月上旬)，当中心领导干上的侧生新梢长至 80 cm 左右时，捋梢或按压新梢，使之呈下垂状态。对中心领导梢自然萌发的二次梢(枝)进行捋枝，使之呈下垂状态。对中心领导干上的侧生新梢捋枝(或按压)至下垂状态后，新梢前部会自然上翘生长，在萌芽 3 个月后(烟台，7 月上旬)，对侧生新梢的上翘生长部分进行拧梢，拧梢过程中听到木质部发出响声时停止；每梢拧 2~3 次，分段进行，使新梢上翘部分呈下垂状态，控制冠径，保持枝条充实。

第 3 年工作要点：侧生枝促花芽，中心领导枝继续抽生侧生枝。早春芽萌动时，对中心领导枝每隔 5~7 cm 进行刻芽并涂抹普洛马林，对刻芽后萌发的侧生新梢整形，管理同上一年。对中心领导干上缺枝的地方，看是否有叶丛短枝，在叶丛短枝上方进行刻芽(用手锯刻)促发侧生枝。对上一年中心领导干上萌发的侧生枝甩放，促其形成大量的叶丛花枝；对个别角度较小的侧生枝，拉枝开张其角度，使其呈下垂状态。对于美早、红灯等生长势强旺品种的侧生枝背上芽，在芽萌动时进行芽后刻芽(目伤)，促其形成叶丛花枝。萌芽 1 个月后(烟台，5 月上中旬)，对侧生枝背上萌发的新梢进行扭梢控制，或留 5~7 片大叶摘心，促其形成腋花芽。对侧生枝延长头周围的“三叉头”或“五叉头”新梢，摘心控制，使侧生枝单轴延伸。侧生枝弓弯处的背上，有的可萌发新梢，留用，培养未来的更新枝。

第 4 年工作要点：控树高，控背上，控侧生。早春在树体上部有分枝处落头开心，保持树高 2.8 m 左右，在规定树高位置无分枝的，可任其生长一年，下一年落头开心。对侧生枝(骨干枝)背上萌发的新梢及延长头上的侧生新梢，根据空间大小，或及早疏除，或及早扭梢，或留 5~7 片大叶摘心控制，保持骨干枝前部单轴延伸。树体成形后，生长季节及时疏除树体顶部骨干枝背上萌发的直立新梢，防止上强。

4. 丛状形

(1) 树形结构

丛状形又名“西班牙丛枝形”，为樱桃实行密植栽培的矮化树形，是西班牙果树研究者发明的一种整形方式。采用该树形可实行高密度栽培，樱桃结果早，产量高，质量好，2/3 的果实可以不用登梯采收。

树高 2.5~3.0 m、冠径 3~4 m，主干高 30 cm，主干上着生 4~5 个大的主枝，每个主枝上着生 4~5 个单轴延伸的分枝。株间可以连接形成树篱。但行间树高不能交接，以免相互遮阳(图 5-12)。

(2) 整形过程

第 1 年，选用健壮苗木栽植。为增大分枝角度，一般在芽萌动时定干，定干高度 35~45 cm。选留新梢 4~5 个作为主枝培养。为开张主枝的基角，当新梢长

图 5-12　丛状形

到 10 cm 时，用牙签或大头针支撑开角，在秋后或在第 2 年春季萌芽后拉枝，使分枝与主干延伸线之间的夹角达 60° 以上。特别是拉宾斯等直立性强的品种，拉枝和开角更重要。当年只进行夏剪。在土壤肥沃及管理水平高的条件下，当年生枝强旺时，需在新梢长 50 cm、粗 0.7 cm 左右时进行摘去 20 cm 的重摘心。在栽植第 1 年新梢生长量小于 1 m，达不到重摘心程度时，可在第 2 年枝梢达到要求时进行。采用大苗建园或者苗木定植当年生长量较大时，6 月新梢即可长达 60 cm 以上。6 月中旬前，对长度达到 60 cm 的新梢，于基部留 10 cm 短截，当年冬季就能形成 8~12 个长势均匀的直立主枝。冬季修剪时，疏除过旺或者过弱的主枝，以调整枝势一致。对剩余的所有直立主枝留 5~15 cm 短截，短截程度依各主枝的长势进行，旺枝重短截，弱枝可相对轻些。修剪完的各主枝短桩，应为处于中间直立、强壮的较短，周围长势稍弱的较长，整体顶部剪口基本呈一个平面。

第 2 年，要缓和生长势，减少施肥量。选留的主枝继续延长生长，夏季进行摘心处理，促使分枝增多，营养分散，长势缓和，以利于早期丰产。当枝梢过多，树冠内膛光照不良时，需在 8 月中下旬进行拉枝或适当地疏枝。

第 3 年，目标是最大限度地提高果品产量和质量。通过前两年的生长，树体骨架已经建立，部分树已经开花结果。这一时期，重剪会延迟结果，不修剪又会引起树冠内郁闭，果实质量变差，内膛短枝死亡光秃，因此还必须控制树势平衡。春季萌芽后在有空间处拉枝，采收后，根据树势确定修剪程度。强壮、直立大枝有选择地回缩至一半或仅留短桩。若树势极强，回缩短截后应注意除萌蘖，防止抽生徒长枝。此外，每株应选 3~4 个强壮结果枝组，采果后留 5~15 cm 回缩更新，使其剪后的短桩上萌发新枝，代替老枝，保证全部结果枝组不超过四年生，实现结果枝组的轮替更新，从而使结果的优势部位保持在 2~3 年生枝段上，克服多年生鸡爪枝多、果实变小的弊端。交叉枝和过密枝疏除，弱枝和水平枝保留结果。树体和地下管理的目标是减慢树体生长，促进花芽形成。此时应少施氮肥，停止摘心促枝，果实采收前进行环剥（需加保护），控制生长，促进花芽分化。

第 4 年，之后进入稳定结果期，此时修剪的任务是更新老枝和调节光照分布，增大果个，提高果实质量。每年应进行回缩修剪，采收后将四年生枝回缩成短桩，使树冠内各分枝的年龄不超过四年。每年开花、采收后，8 月底或 9 月初，进行 2~3 次疏枝，重点疏除交叉枝、直立枝、旺长枝，保持树冠开心，光照通透。高产品种如拉宾斯和甜心，为防止果个变小，增大果个，宜在花后短截回缩结果枝和结果枝组。剪前按树体估产，确定每株的负载量，疏掉多余的花，短截结果枝；坐果越多短截越重，以节制营养生长，促进坐果。采收后进行夏季修剪的重点是回缩更新，保持树冠内光照均匀，控制树体高度，使其保持在 2.5~3.0 m。修剪时保留水平弱枝结果，直立枝回缩到花芽处，始终要掌握对树体开心，去强旺枝，留平斜中庸枝的原则。

5. 篱壁形

(1) 树形结构

1) 篱架结构　篱架结构主要由 5 个部分组成。①篱架：高 2.7 m，用钢管立柱支撑，内顶柱稳固，每隔 8 m 立一道柱，分别用 5 道铁丝连接架面，构成篱壁式架体；②两边柱：用直径 30 mm 圆钢管插入混凝土柱墩（高 70 cm 内含钢管 60 cm，长、宽均为 30 cm）；③中间柱：用 25 mm 圆钢管插入混凝土柱墩（高 60 cm 钢管内含 50 cm，长、宽均为 25 cm）；④内顶柱：两边柱用内倾式斜顶柱稳定架体，用 25 mm 钢管插入混凝土柱墩（高 70 cm 钢管内含 60 cm，长、宽均为 25 cm）；⑤拉铁丝：第 1 道铁丝距地面 70 cm，第 1 道以上每道铁丝间距均为 50 cm，均用 10# 铁丝连接架面。

2) 树形结构　篱壁式树形结构简单，分别由中心干、主枝、结果枝组成。树高 2.9 m（中心干顶端距地面高 2.7 m），干高 50~70 cm；主枝共 5 层，每层 2 个，全树共 10 个，每层主枝分别沿行向绑缚在 5 道铁丝上，水平延伸；层间距为第 1 层铁丝距地面 70 cm，第 1 层以上间距均为 50 cm；结果枝组布局为每个主枝每侧下斜位置每隔 30 cm 左右留一中大型结果枝组，小型结果枝组或结果枝有空间就留，并使下部主枝上的结果枝组大一些，上部主枝上的结果枝组小一些，避免上强现象。这种树形产量高，可以进行半机械化修剪（图 5-13）。

图 5-13　篱壁形

3）篱壁树形的优点

一是成形快、结果早、产量高。篱壁式树形由于采取了生长期刻芽促枝而增加了枝量；通过新梢连续剪截形成了多次级结果枝组；后期摘心控制旺长，减少了消耗，促使树体由营养生长迅速向生殖生长转化，因而能够早成形早结果。二是群体效应，早期丰产。由于栽植密度大（66 株 / 亩），可充分发挥果树的群体效应，实现早期丰产，其早期效益是常规栽培模式的 2 倍。三是光能利用率高，果实品质好。篱壁式栽培较好地解决了栽培密度与光能利用率的矛盾。篱壁式树行叶幕幅宽控制在 50~60 cm，太阳光线可直接射透行间，树冠内外上下光照均匀，可使果实能够充分得到阳光的保证。四是省工、省事、省时，适合小型机械化管理。篱壁式栽培，由于用钢管柱作支撑，用铁丝连接架面，主枝直接绑缚在铁丝上，省去了樱桃幼树整形期间必须拉枝所用的拉枝绳、橛等诸多麻烦。其管理如施肥、喷药等均可适宜小型农机具管理作业，可大量减少人工费用。五是树形结构简单，便于整形修剪。篱壁式树形结构简单，仅 10 个主枝，分别绑在 5 层铁丝上，修剪技术仅采用生长期刻芽、新梢剪截、摘心控制，而且修剪标准尺寸全部量化，十分简单，容易掌握。

（2）整形过程

1）定植当年修剪

①生长期修剪：苗木定植后距地面 60 cm 左右定干剪截，培养中心枝及第 1 层两个主枝。待新梢长到 40~50 cm 时预选中心延长枝，疏除与中心枝竞争的枝，再选留生长势中庸的两个枝作为第一层主枝延长枝，并用牙签开展主枝基角，其余枝要疏除。待主枝新梢长到 70~80 cm 时，对强主枝新梢摘心控制，到 8 月份将主枝新梢绑缚在第 1 层铁丝上。

②定植当年冬剪（或翌年春剪）：定植当年冬季修剪，要采取促壮修剪，一般中心枝在第 1 层主枝上部 50 cm 处剪截，培养 2 层主枝，主枝留 10~20 cm 剪截（强主枝留 10 cm，弱主枝留 20 cm），加强第 1 层与第 2 层主枝及中心枝之间的生长势，实现平衡生长。对个别较弱的植株，要重短截培养中心枝及主枝，中心枝留 20 cm 剪截，主枝留 10 cm 剪截。

2）第 2、3、4 年修剪

①生长期修剪。a. 刻芽促枝：时间宜在 4 月上旬（北京地区），萌芽期腋芽膨大时，对中心枝上需要着生主枝处采取重刻芽培养主枝，并在中心枝上下主枝间无小枝处均可刻芽 3~4 个，培养中心干上的小型结果枝组占领空间。对主枝刻芽一般在主枝两侧下斜侧位置，每隔 15 cm 左右刻一芽，培养结果枝组，使其主枝上每一侧枝组相距 30 cm 左右的距离。一般两侧芽芽前刻，背上芽芽后刻，可控制背上芽枝的生长势。b. 预选中心枝及主枝：新梢长到 40~50 cm 时要选留强壮直立的上位枝作为中心延长枝，剪口二枝与中心枝竞争时要疏除，并选留两个

生长势相近的枝作为主枝延长枝。c. 新梢剪截：在生长期(除中心枝及主枝延长枝外)主枝及中心枝上长出的新梢，长到15~20 cm时应剪去新梢的1/3~1/2，也可留6片叶或10 cm在外芽处剪截。待二次新梢再长到15~20 cm时或20 d左右再进行二次剪截，可连续剪截3~4次。剪截后长出的二次及三次新梢，疏除剪口处背上新梢，第3芽二次、三次新梢留3~4芽剪截。经反复剪截，方可有效控制其生长势，形成多次级结果枝组，形成花芽，早期结果。d. 中心枝剪截摘心促生分枝：对具有生长势特别强的中心枝而不易形成二次枝的植株，应在新梢长到60 cm时剪去10 cm，促发分枝，培养主枝。待中心二次枝再长到60 cm时再次剪去10 cm，培养上层主枝。经几次剪截摘心方可减缓中心干上强主枝，培养主枝，并达到使单行或全园区植株生长势相近的目的。e. 强主枝摘心控制生长势：新梢长到60~70 cm时，对生长势强的主枝，采取摘心控制，来调节各层主枝间的生长势。f. 后期摘心控制促进枝条成熟：新梢生长到7月中下旬，将未停止生长的新梢全部摘心控制，摘心后再长出的新梢除中心及主枝延长新梢外，其他全部疏除，减少新梢后期生长消耗。g. 主枝新梢绑缚：主枝新梢长到70~80 cm时将生长势强的主枝新梢绑缚固定在铁丝上，减缓其生长势。生长较弱的主枝，让其继续生长，增强生长势。到8月上旬将主枝新梢全部绑缚在铁丝上，促进主枝由纵向生长转向横向生长。一般主枝延长枝头不绑，使其抬高角度，要高于其他结果枝组，否则会出现侧强夺主现象。同时对中心枝新梢生长歪斜的要随时绑缚拉正。h. 控制结果枝组转强：主枝拉平绑缚在铁丝上后，易出现背上枝和结果枝转强现象，要及时对转强的结果枝组采取回缩，对先端及背上枝采取摘心，较密时要疏除。对生长势较弱的主枝要抬高延长新梢的角度，增强延长新梢的生长势，使主枝延长新梢占绝对优势。篱壁式树形一般树冠两主枝2~3年会交叉接头，两株间主枝接头时，要对强植株、强主枝早摘心、早控制，并根据其单株的生长势修剪，使强树势、强主枝占空间相对大一些，弱植株、弱主枝占空间相对小一点，但两主枝的延长枝头要始终保持抬高角度。

②冬剪(第2、3、4年)。定植第2年后的冬季修剪，要根据生长势的不同分别采取不同的修剪方法，调节中心枝及主枝间的生长势，促进树形的快速形成。成熟阶段，经生长期刻芽促枝、新梢短截促生分枝、摘心控制强枝等措施，冬剪的修剪量相对减轻。a. 对中庸树修剪：中心枝一般要在成熟枝段上粗度1 cm处剪截，并结合培养3、4层主枝处剪截，2年可在5层主枝处剪截，3年达到树高，培养完成5层主枝。中心枝上缺枝处，要采取重刻芽培养促生主枝；主枝的修剪也要在成熟枝段上粗度0.8 cm处剪截，但要与两主枝的生长势和上下主枝的上下关系相协调，一般强主枝要短剪，弱主枝要长留，调节主枝间的生长势及粗度。b. 对特强树的修剪：樱桃树一般定植第2年生长势会转强，有的植株会形成1层

及2层二次枝，每层二次枝一般2~3个枝，间距多在50 cm左右，均可培养成主枝，无需刻芽。对生长势特强，形成2层二次枝的植株，要在5层主枝处剪截，培养促生主枝，以便2年达到树高，培养完成5层主枝。主枝或二次枝的修剪，一般是上层主枝短剪，下层主枝长留，即4层主枝留10~20 cm，3层主枝留40~50 cm，2层主枝留70~80 cm，1层主枝留1~1.2 m，使主枝由下而上一层比一层短。因樱桃树顶端优势强，极易出现上强现象，上层短下层长可使植株在1~2年内达到上下生长势相近或平衡稳定的生长。c. 对弱树的修剪：对定植当年较弱的植株，经重短截促壮修剪后生长势也会转强，第2年中心枝也可在2、3层主枝处剪截，下年可在4层或5层主枝处剪截，使其3~4年达到树高，培养完成5层主枝。

3)5年以上树的修剪

樱桃乔砧篱壁式树形在培养完成5层主枝后，应进一步对上层主枝刻芽促枝，培养完善结果枝组，控制上强，稳定树势。整形修剪由生长期修剪逐步转向休眠期修剪。

①结果枝组的培养、更新、复壮：采取短截、缓放、回缩、疏除的方法调节结果枝组的生长势。一般要疏除背上强枝；对中庸枝留10~15 cm短截，培养紧凑的结果枝组；小短枝缓放回缩，要疏除先端的分枝及枝组剪口背上二芽枝；对分枝较多的枝组，采取“逢二去一”法间疏，稀疏枝条，使结果枝组始终保持壮枝壮芽的势态。

②结果枝组间的平衡：要对强枝组采取疏强枝或回缩在弱枝处，对弱枝组采取提高先端枝的角度，带头枝适当长留，来调节枝组间的生长势。

③上下层主枝生长势的平衡：一般樱桃树生长极易上强，应特别注意控制上强，对生长势上层强的植株，要疏除强主枝上的强枝组，或重回缩强枝组，对弱主枝延长枝生长期提高角度，延迟绑缚，增强生长势。

六、如何进行修剪？

知识链接

甜樱桃枝的类型与特性

甜樱桃的枝分为发育枝、结果枝和叶丛枝三大类。

(1)发育枝　仅具有叶芽的一年生枝条称为发育枝，也称营养枝或生长枝。发育枝萌芽以后抽枝展叶，是形成骨干枝、扩大树冠的基础。不同树龄和不同树势上的发育枝，抽生发育枝的能力不同。幼树和生长势旺盛的树，抽生发育枝的能力较强，进入盛果期和树势较弱的树，抽生发育枝的能力较小。

(2) 结果枝　着生有花芽的枝条都称为结果枝，按其特性和枝条的长短不同又可分为混合枝、长果枝、中果枝、短果枝和花束状果枝。

①混合枝　长度在 20 cm 以上，顶芽及中上部的侧芽全部为叶芽，只有基部的几个侧芽为花芽的枝条称为混合枝。这种枝条既能抽枝长叶，又能开花结果，是初、盛果期树扩大树冠、形成新果枝的主要果枝类型。混合枝上的花芽往往发育质量差，坐果率低。

②长果枝　长度在 15~20 cm，顶芽及中上部的侧芽为叶芽，其余为花芽的枝条称为长果枝。这种枝条结果后下部光秃，只有中上部的芽继续抽生枝条，在幼树和初结果树上较多，坐果率也较低。

③中果枝　长度在 10 cm 左右，除顶芽及先端的几个侧芽为叶芽外，其余均为花芽的枝条称为中果枝。这种枝形成的数量不多，不是主要的结果枝类型。

④短果枝　长度在 5 cm 左右，除顶芽为叶芽外，其余均为花芽的枝条称为短果枝。这种果枝上的花芽发育质量较好，坐果率也高。

⑤花束状果枝　长度在 1~1.5 cm，顶端居中间的芽为叶芽，其余为花芽的极短的枝称为花束状果枝。其年生长量极小，只有 1 cm 左右。这种枝上的花芽发育质量好，坐果率高，是提高樱桃产量最主要的结果枝。但是这种果枝的顶芽一旦被破坏，就不会抽枝再形成花芽而枯死，而且又易被碰断，因此在整形修剪时不但要促使多形成花束状果枝，更要注意保护既有的花束状果枝。

(3) 叶丛枝　叶丛枝按枝条种类划分，应该属于发育枝类，此枝条在樱桃的各级骨干枝上形成很多，其发展成花束状果枝或短果枝的概率较大，而且在 2 年生枝条上抽生的数量较大，尤其是缓放枝条的后部，叶丛枝形成的较多，因此单列出来，在生产中引起重视和培养。

叶丛枝是枝条中后部的叶芽萌发后，遇到营养供应不足时停止生长所形成的，长度在 1 cm 左右，或不足 1 cm，仅有一个顶芽，也称单芽枝。这种枝在营养条件改善时，可转化为花束状结果枝；如果营养条件不改善，则仍为叶丛枝。如果在顶端优势的位置上，或受到刺激时，还会抽生发育枝。

1. 生长季节修剪技术

生长季节修剪是指从萌芽后至落叶前这段时间的修剪，以夏季修剪为主。生长季节修剪的目的是在休眠期修剪的基础上，抑制新梢旺长，促发新枝，改善树冠内的通风透光条件和促进养分分配更趋合理，节省养分，促进成花、结果。修剪通常采取刻芽、抹芽、摘心、疏梢、拿梢、开张角度等方法。

生产季修剪

(1) 刻芽

刻芽是在芽的上方横刻一刀，深及木质部的修剪方法（图 5-14 和图 5-15)。刻芽可促进刻伤下面的芽萌发，提高侧芽或叶丛枝的萌芽质量，促进枝条旺长，起到扩大树冠的作用，也可利用刻芽培养结果枝组。刻伤距芽体近，萌芽率高，刻伤重，发枝强；反之则萌芽率低，发枝弱。但在弱枝上刻芽效果不明显，因此刻芽一般在幼旺树和强旺枝上进行。紧靠芽的上方刻芽，分枝角度小；反之，分枝角度较大。刻芽效果还与刻芽时间有关，刻得早发枝强，刻得晚发枝弱，一般以萌芽前进行为宜。甜樱桃刻芽，一是在幼树整形期，对骨干枝上缺少枝条的部位进行刻伤，促发分枝，扩大树冠；二是在冠内对一二年生枝基部芽进行刻伤，当年即可萌发出不同类型的结果枝和发育枝，培养结果枝组。

(2) 抹芽

即在生长季节及时抹掉过多的无用萌芽，目的在于节约养分，防止无效生长，促进有效生长。一般在枝条背面萌发的直立生长的芽、疏枝后产生的隐芽、内向萌芽及枝干基部萌发的砧木芽都应在萌芽期及时抹去（图 5-16)。但樱桃各级枝上的芽除隐芽外基本上都能萌发，这些芽生长量极少，叶片大而多，可制造大量养分，当树势健壮、通风透光条件好时不应抹去，可以使其转化成花束状结果枝组。

在发芽期，砧木芽比品种芽萌芽早、生长快，会影响品种芽的发育，有时甚至导致品种芽不抽新枝，因此新定植的樱桃苗要及时抹去砧木芽，使营养用于供应品种芽的萌发和生长，否则会影响树体的生长。

图 5-14　刻芽

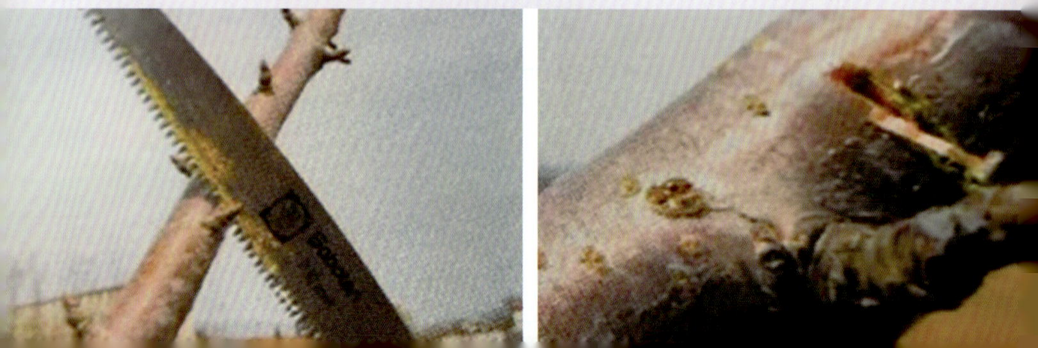

图 5-15　刻芽愈合状

图 5-16　抹芽

图 5-17　摘心前

(3) 摘心

摘心是在新梢木质化前摘除或剪除新梢先端部分的修剪方法(图 5-17 至图 5-19),可以有效增加幼树的枝叶量,扩大树冠,减少无效生长,促进花芽形成、早结果。对结果树摘心可起到节约营养、提高花芽质量、促进生殖生长、提高坐果率和果实品质的作用,是樱桃夏剪中最常用的修剪方法。

按摘心的程度不同,摘心可分为轻度摘心、中度摘心和重度摘心。轻度摘心是指摘去新梢顶端 5 cm 左右的修剪方法,摘心后只能萌发 1~2 个新梢。连续轻度摘心,且生长量在 10~20 cm,可形成结果枝。中度摘心是对生长长度达到 40 cm 以上的新梢摘去 15~20 cm 的修剪方法,摘后一般能萌发 3~4 个分枝。为了促进各级主枝延长枝和大型结果枝组延长枝分枝,生产中多采用中度摘心。重度摘心指对 30 cm 以上的枝条留 10 cm 左右进行摘心,能明显削弱生长势,形成果枝。背上枝、竞争枝多采用重度摘心。但如果摘心过重,则会刺激花芽萌发,出现二次开花现象(图 5-20)。

按摘心时期不同,摘心分为早期摘心和生长旺季摘心两种。早期摘心一般在花后 7~8 d 进行,摘心时将幼嫩新梢保留 10 cm 左右(图 5-21),如果摘心后枝条还继续生长,可连续摘心(图 5-22)。这样可以减少幼果发育与新梢生长对养分的竞争,提高坐果率。生长旺季摘心一般在 5 月下旬至 7 月下旬以前进行。在新梢木质化以前,将旺梢留 30~35 cm,余下的部分摘除,以增加枝量。树势旺时可连续摘心。7 月下旬以后不要摘心,否则发出的新梢不充实,易受冻害或抽干。

图 5-18　摘心

图 5-19　摘心后

图 5-20　出现二次开花(1)

图 5-20　出现二次开花(2)

图 5-21　一次轻摘心效果

图 5-22　连续轻摘心效果

(4)疏梢

从新梢基部疏除称为疏梢(图 5-23 和图 5-24)。疏除过密枝、背上枝、徒长枝、竞争枝,可以节省养分、改善光照,促使留下的枝芽生长健壮,早成花、早结果。疏枝一般在 6 月下旬至 7 月上旬进行,疏除冠内过密的强旺枝和紊乱树冠的多年生大枝,可调整树体结构,改善冠内风光条件,促进花芽分化。注意在疏除多年生大枝时,锯口要平,不留枝桩,以利于伤口尽快愈合。切忌锯成"朝天疤",以防锯口愈合不良,引起木质腐烂,影响树体生长。

(5)拿梢

拿梢又叫捋枝,是用手对旺梢自基部到顶部逐渐捋拿,伤及木质部而不折断的方法(图 5-25)。拿梢时间一般在采后到 7 月底以前进行。其作用是缓和旺梢生长势,增加枝叶量,促进花芽形成,还可调整 2~3 年生幼龄树骨干枝的方位和角度。如枝条长势过旺、过强,可连续捋枝数次,直到把枝条捋成水平或下垂状态,而且不再复原。

图 5-23　疏梢

图 5-24　疏梢后

图 5-25　拿梢(1)

图 5-25　拿梢后枝条(2)

(6) 拉枝

拉枝是指对骨干枝进行牵拉，并撑开中心干以上所有主枝和侧枝的基角和梢角。可以牙签开角，可以开角器开角，还可以绳子拉枝(图 5-26 至图 5-30)。开角有利于消减极性生长，缓和树势，促发短枝，促进花芽分化，改善膛内光照条件，增加结果面积。拉枝要在枝条韧性较大、各级枝条处于最易开角的阶段(不易劈裂时期)进行。樱桃树开张的角度要比其他果树大些，以利于控制树势。其主干基角要求 60°~70°，腰角 70°~90°，幼树的梢角可以与腰角相同以便减弱生长势，中、老年树要抬高梢角至 30° 左右，以利于恢复树势。其他各侧生分枝开张角度可达 80° 以上。此外，开张角度的大小还要依树势而定，树势强的开角可大些，反之宜小些。开角应提早进行，树龄越小，枝条韧性越大，开角效果越好，且有利于早结果，早进入盛果期。拉枝绳子捆绑时应留有空隙(图 5-31)，如果捆绑过紧，就会影响枝条加粗生长，出现勒痕(图 5-32)；拉枝先端不要过低，否则易出现弓背部背上枝生长过旺(图 5-33)；不要先拉后不拉，形成抱头树(图 5-34)。

图 5-26　牙签开角

图 5-27　开角器开角

图 5-28　拉枝前

图 5-29　拉枝后

图 5-30　拉枝

图 5-31　拉枝绳子捆绑留空隙

图 3-32　拉枝绳子捆绑过紧形成勒痕

图 5-33　拉枝先端低引发弓背部背上枝生长过旺

图 5-34　先拉后不拉形成抱头树

开角时应用废胶管、硬纸板、软垫等物垫在着力点上，以防损伤皮层，造成枝条流胶；还应注意调节主枝在树冠空间的位置，使之分布均匀。辅养枝拉枝应防止重叠，合理利用树体空间。

2. 休眠期修剪技术

休眠期修剪

休眠期修剪是指从冬季落叶到第二年春季发芽前这段时间所进行的修剪。树体在正常落叶之前，树体内贮备的营养逐渐由叶片转入枝条，由 1 年生枝条转向多年生枝条，由地上部转向地下根系贮藏起来。此时对地上部进行修剪，营养物质损失最少。休眠期修剪是甜樱桃全年修剪的基础，其主要作用是疏除过密枝、病虫枝、并生枝、徒长枝、过弱的花枝及其他多余枝条；缩短骨干枝、发育枝和结果枝组的延长枝，及时更新果枝；回缩过大过长的辅养枝、结果枝组和衰弱的主枝头；刻伤刺激一定部位的枝和芽，促进转化成强枝、壮芽；调整骨干枝、辅养枝和结果枝组的角度和延伸方向等。可从总体上解决生长和结果的矛盾，改善冠层通风透光条件。甜樱桃休眠期修剪以萌芽前进行为宜，常用方法有短截、疏枝、回缩、缓放等。

（1）短截

短截是剪去一年生枝一部分的修剪方法，依据短截程度可分为轻短截、中短截、重短截、极重短截 4 种，一般在休眠季节进行。短截时剪口下留下芽，角度自然开张（图 5-35）；剪口下没留叶芽，没有延长梢（图 5-36）；如果留上芽，上芽角度上翘（图 5-37），角度直立或树上长树（图 5-38）。

图 5-35　短截时剪口下留下芽，角度自然开张

1）轻短截

剪去一年生枝条全长的 1/3 以下。轻短截有利于缓和树势，削弱顶端优势的作用，提高萌芽率，降低成枝力。轻短截后抽生的枝条，转化为中弱枝的数量多，而强枝少，能够形成较多的花束状果枝。在幼树修剪时，应较多应用轻短截，以缓和长势，促进中、长果枝

图 5-36　剪口下没留叶芽，没有延长梢

图 5-37　剪口下留上芽角度上翘

图 5-38　留上芽角度直立或树上长树

及混合枝转化，利于提早结果。成枝力强的品种，常应用轻短截培养单轴延伸型枝组。对初结果的树进行轻短截，既有利于生长又有利于早结果。

2）中短截

在一年生枝的中部减去原长度的 1/2 左右。（图 5-39 ~ 图 5-41）中短截后，成枝力强于轻短截和重短截，平均成枝量为 4~5 个，有利于维持顶端优势，使新梢生长健壮。中短截后抽枝数量多、成枝力强，若短截时间过长，则会影响树冠的通风透光。所以，中短截主要用于骨干枝以扩大树冠，还可用于中、长结果枝组的培养。

图 5-39　短截前

图 5-40　短截

图 5-41　短截后

在甜樱桃幼树上，对骨干枝延长枝和外围发育枝进行中短截，一般可抽生 3~5 个中、长枝条，5~6 个叶丛枝。对树冠内膛的中庸枝条进行中短截，在成枝力强的品种上一般只抽生 2 个中、长枝，成枝力弱的品种上除抽生 1~2 个中、长枝外，还能萌生 3~4 个叶丛枝。

在结果大树上，短截有利于增强树势，促使花芽饱满，提高产量。用中强枝培养多轴枝组时，多采用中短截方法。在衰老树上，短截有利于增加中强枝数量，扩大营养面积，加快更新复壮。

3）重短截

指减去一年生枝的 1/2~2/3 的修剪方法。重短截可以平衡树势、培养骨干枝背上的多轴枝组；能够加强顶端优势，促发旺枝，提高营养枝和长果枝比例。重短截后成枝力弱，成枝数量一般约 2 个，成枝数量较少。需平衡树势时，对长势强旺的骨干枝延长枝进行重短截，能减少其总生长量。需在骨干枝先端背上培养结果枝组时，第 1 年多对直立枝条进行重短截，控制枝组高度，次年对重短截后抽生的3~4个中、长枝，采取去强留弱、去直留斜的方法，这样即可培养结果枝组。

4）极重短截

指减去枝条的4/5以上，在枝条基部只留几个芽的修剪方法。极重短截留的芽较瘪时，抽生出的枝条生长势较弱，因此可以采取这种方法来削弱幼旺树中心干上的强旺枝条。对幼旺树中心干上萌发的一年生枝留3~5个芽极重短截，可培养出枝轴较细的结果母枝，增加结果母枝的数量（图5-42）。极重短截只在准备疏除甜樱桃一年生枝上应用，在结果树上极少应用。

图5-42 主枝背上直立枝留短桩极重短截

（2）疏枝

疏枝是把一年生枝或多年生枝从基部剪除的修剪方法（图5-43～图5-45），主要用于疏除树冠外围的强旺枝、轮生枝、过密的辅养枝和扰乱树形的大枝及无用的徒长枝、细弱枝、病虫枝等。疏枝可以改善树体通风透光条件，减缓顶端优势，均衡树势，减少营养消耗，促进花芽形成，平衡营养生长和生殖生长等。疏枝要分批、分期进行，不宜一次除去太多，且宜在休眠季节进行，以免造成过多、过大的伤口而引起流胶或伤口开裂，严重时造成大枝或主枝死亡。疏除主侧枝时须注意锯口角度，不可以留桩（图5-46和图5-47），留桩伤口不易愈合呈枯橛状（图5-48）。

图5-43 疏枝前

图 5-44　疏枝

图 5-45　疏枝后

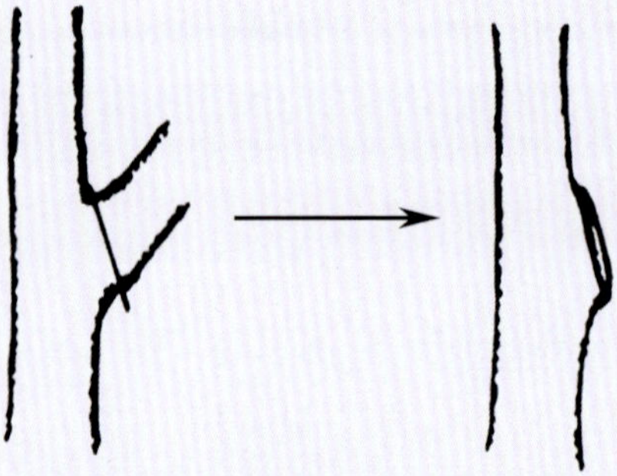

图 5-46　正确疏枝锯口

图 5-47　正确疏枝锯口愈合状

图 5-48　疏除主侧枝留桩伤口不易愈合呈枯橛状

(3) 回缩

回缩是将多年生枝剪去或锯掉一部分，以实现更新复壮，增强回缩部位下部枝生长势的修剪方法（图 5-49 ~ 图 5-51）。该法主要应用于结果枝组复壮和骨干枝复壮更新，其目的是通过回缩某些枝条来调节各种类型结果枝的比例。回缩一般在休眠季节进行，对促进枝条的转化、复壮长势、促进潜伏芽萌发和花芽的形成，都有良好的作用。但多年的单轴枝组进行缩剪时，不可缩剪太急，否则会因营养迅速减少，在短时期内引起枝组衰弱或枯死。

图 5-49　回缩前

(4) 缓放

缓放指对一年生枝不进行短截，任其自然生长的修剪方法。其作用主要是缓和树势、调节枝叶量、增加结果枝和花芽数量。缓放有利于花束状果枝的形成，是幼树和初果期树常用的修剪方法。幼树缓放的原则为“缓平不缓直”，盛

图 5-50　回缩

图 5-51　回缩后

果树的缓放原则为“缓壮不缓弱、缓外不缓内”。缓放要因树、因枝而异。以幼树为例，角度较大的枝缓放效果较好，直立强旺枝和竞争枝必须拉水平或下垂后再缓放；如不先拉枝直接缓放，这种枝会很快加粗，易形成“霸王枝”和“背上树”，导致下部短枝衰亡，结果部位外移。各主干延长枝在扩冠期间不宜缓放，否则不能形成理想的骨干枝。

缓放效果因枝条的生长势、着生部位的不同而异。生长势强、向阳性好的枝条，缓放后加粗生长快，花束状果枝多；而长势中庸、向阳性差的枝条，缓放后加粗生长慢，质量增加快，枝条密度大，且花束状果枝较健壮，在缓放枝上的分布也比较均匀。

第六章
Chapter 6

甜樱桃环境条件要求及温室调控措施

一、甜樱桃适宜的环境条件要求有哪些？

1. 温度

甜樱桃喜温暖而不耐严寒，适宜种植在年平均气温 10~12 ℃ 的地区，要求一年中日均温 10 ℃ 以上的天数在 150~200 d 及以上。且不同物候期对温度有不同的要求，如萌芽期适宜的温度为 10 ℃，开花期为 15 ℃，果实成熟期为 20 ℃。

冬季气温在 −20~−18 ℃ 时，甜樱桃即发生冻害；在 −25 ℃ 时，可造成树干冻裂，大枝死亡。地温晚秋在 −8 ℃ 以下、冬季在 −10 ℃、早春在 −7 ℃ 以下时，甜樱桃的根系会遭受冻害。年平均气温 15 ℃ 以上的地区，往往高温多雨，甜樱桃在生长季枝条徒长，病害严重。花芽分化初期的高温天气还会抑制花芽分化，产生大量畸形花，如双子房花等，来年形成“双生果”。

甜樱桃休眠期需要经过一定的低温阶段才能正常发育。不同品种对 0~7.2 ℃ 低温的需要量不同，一般为 600~1 500 h。

2. 水分

樱桃根系生长和吸收活动需要充足的氧气，并且对根部缺氧十分敏感。土壤水分过多和排水不良，会造成土壤氧气不足，影响根系的正常吸收，轻则树体生长不良，重则造成根腐、流胶等涝害症状，甚至导致整株死亡。若土壤水分不足，则会影响树体发育，形成“小老树”，导致产量低，品质差。

樱桃采收前，当土壤含水量为总有效水分的 40%~60% 时应该灌溉，以免影响树体和果实的正常生长发育。果实采收后应适当控制灌水。

3. 土壤

甜樱桃属于浅根树种，主根不发达，适宜种植在土质疏松、不易积水的地块，以保肥保水良好的沙壤土或沙质壤土为好，土层深度为 80~100 cm。

甜樱桃耐盐碱能力较差，适宜种植于 pH 6.0~7.5，含盐量不高于 0.1% 的土壤。甜樱桃对重茬地较为敏感，樱桃园间伐后，至少应种植 3 年其他作物才能再栽樱桃。

4. 光照

甜樱桃为喜光树种，全年日照时间要求在 2 600~2 800 h，对光照的要求仅次于桃、杏，比苹果、梨更严格。

二、甜樱桃温室环境如何调控？

1. 温度调控

在甜樱桃温室生产中，从萌芽至采收期间，难免会遇到不良天气影响棚内温度，这时可采取以下措施调节。

(1) 保温

①通过卷放帘调节室温。一般揭帘后，棚内气温短时间下降 1~2 ℃然后上升，为比较合适的揭帘时间。若揭帘后棚内温度不下降而是升高则揭帘过晚。放帘后温度短时间回升 1~2 ℃，然后缓慢下降，为比较合适的放帘时间。若放帘后温度没有回升，而是下降，则放帘时间过晚。冬季，在正常天气情况下，一般日出后 1 h 揭帘，日落前 1 h 放帘较为合适。春季应适当提前揭延后放。在特殊寒冷天气或大风天气时，要适当晚揭早放。在天气暖和时，日出时揭，日落时放。阴天时在不影响温度情况下尽量揭帘，散射光有利于树体生长发育，避免阴天不揭帘。②温度过低时可采用取暖设施如暖风炉、碘钨灯、暖器等加温（图 6-1 和图 6-2），并经常清除棚膜上的灰尘（图 6-3），增加透光率。

(2) 降温

温室温度高时，会引起叶片、花、果实等受伤，因此温室要有降温措施。温室降温主要通过设置通风窗、薄膜扒缝等来实现，生产中多采用屋面上部扒缝的方法降温。通风降温时通风量要根据季节、天气情况和甜樱桃各生育阶段对温度

图 6-1　温室热风炉

图 6-2　除湿升温设备

图 6-3 清理温室棚膜

的要求灵活掌握，宜在棚内温度达到最适气温时开始逐步放风。开放通风口时要均匀一致，由小渐大，使温度平稳均匀变化。不能等待温度升高至极限时突然全部打开通风口，这样会造成骤然降温，使棚内不同部位温度产生极大变化。特别在通风口附近，温度下降迅速，会使花、叶或果实受到伤害（图 6-4、图 6-5）。

2. 湿度调控

湿度与甜樱桃的生长关系密切，湿度过大或过小都会影响树体的生长和发育。如萌芽期要求棚内相对湿度较高，维持在 70%~80%，不宜过低，否则萌芽和开花不整齐。开花以后棚内相对湿度要求在 50%~60%，花期湿度过大或过小均不利于授粉受精。湿度过小时，花柱头干燥，不利于花粉管萌发；湿度过大时，花粉粒由于过于潮湿不易散粉；花柱头黏液过于稀薄对花粉的黏着力变小，也易引起花腐病。幼果期湿度过大时会引起病菌滋生，侵染叶片和幼果。果实着色期，湿度过大时会降低透光率，不利于着色，容易引起裂果。因此，棚内湿度的管理与温度管理同等重要，必须对湿度及时加以调节，使之达到甜樱桃各生育阶段的要求。

图 6-4　高温花受害状

图 6-5　低温果实受冻

(1) 降湿

湿度的调控以降湿为主,降低棚内空气湿度有以下措施:

①通风排湿。这是生产中采用最多的排湿方法,即盖帘后在不影响棚室温度的前提下开启少量通风口,通过换气排湿。早春(3—4 月份)气温回升以后,夜间通风口留 3~5 cm 宽进行排湿,可使夜间棚内湿度降低 15%~20%。②用风扇除湿(图 6-6)。③地膜覆盖。空气中的水分相当一部分是从地面土壤蒸发而来的,地面覆地膜可显著减少地面水分蒸发,降低棚内湿度。④改变浇水方式。采用膜下覆溉(图 6-7)或膜下滴灌方法可降低棚内湿度。另外,灌水应选择晴天的上午进行,这样中午放风时加大通风量可排出一部分湿气,降低夜间空气湿度。⑤放置生石灰降湿。果实成熟初期在棚内放置生石灰(图 6-8),利用生石灰吸湿的特性吸收棚内空气水分,可使棚内湿度降低 10%~20%,有效地减少裂果的发生。放置生石灰时用木箱或盆等容器盛装生石灰,每隔 3~5 m 放置一处,每亩用量 200~300 kg。

(2) 增湿

增湿主要在萌芽期和开花期进行。增湿措施主要是灌溉和喷水。灌溉不利于地温的提高,不宜提倡;向地面喷水是一个简单易行的办法,可在晴天上午 9~10 时向地面喷雾或洒水,水不要喷洒过多,以放帘前 1~2 h 全部蒸发完为宜。有条件的可用加湿器来增湿。

图 6-6　风扇除湿

图 6-7　膜下滴灌

图 6-8　生石灰除湿

3. 光照调控

甜樱桃是喜光性强的果树，在设施栽培条件下，可能会受设施结构方位、覆盖材料及管理技术的影响而使获得的光照强度降低、光照时间不足，表现出新梢细弱、节间延长、叶片薄软、绿色不浓等不良现象，导致树体发育不良，果品质量下降，甚至减产。

大棚和温室增加光照除了选择最优结构和合理方位及适宜的塑料薄膜外，还应采用增光、补光措施，以弥补光照不足。生产中通常采取以下技术措施来增加光照。

(1) 延长光照时间

在不影响保温的前提下，棚顶草帘要尽可能早揭晚放，延长光照时间。

(2) 铺设反光膜

于幼果期开始在树冠下面和后墙铺挂高聚酯铝膜（图 6-9），可以将射入温室树冠下和后墙上的光线反射到树冠中上部和内膛及温室后部弱光区，能增加光照 25%~30%，使温室整体光照得到改善。

(3) 清洁棚膜

利用棉布条或旧衣物等制做长把拖布，经常清洁棚膜上的灰尘和杂物，增加棚膜的透光率，是一项非常重要的增加光照的措施。一般每 2~3 d 应清洁 1 次。

(4) 补光

在遇到阴雨天或多云天气无法揭帘时，应进行人工补光，可采用日光灯、白炽灯、农用高压汞灯和碘钨灯（图 6-10）等灯具，每天以 43.2 W/（h · m^2）补光 18 h 效果很好。灯距树体顶部叶片 60 cm 以上为宜。

图 6-9　铺反光膜

图 6-10　人工照明补充

4. 气体调控

温室栽培甜樱桃，从萌芽至采收期间处于密闭状态，空气成分与露地不同，主要表现在两个方面：一是二氧化碳浓度远远超过露地空气中的含量，二是肥料分解和塑料薄膜老化释放的有害气体多。可采用无毒膜，且在晴天时揭帘后和放帘前（在不影响温度的情况下）少量开启风口进行气体交换，补充氧气。

第七章
Chapter 7

温室甜樱桃周年管理技术

一、休眠期如何进行管理？

1. 扣棚

初霜冻后进行扣棚。棚上扣塑料薄膜，覆盖草帘。通风口夜间打开，白天合上，使棚室温度控制在 0~7.2 ℃，地温在 8~10 ℃（表 7-1）。温度高时，可夜间打开通风装置或卷起草帘降温，促其休眠；温度低时，白天卷起少量草帘，提高温度。

2. 清理落叶

清除所有残枝、落叶、杂草等（图 7-1），清除后集中烧掉或深埋，没有落的叶要人工摘除。

3. 休眠期修剪

甜樱桃休眠期修剪（图 7-2）一般在萌芽前进行，主要采用疏枝、回缩、短截和缓放等修剪措施，参见第五章休眠期修剪技术。

二、萌芽期前如何进行管理？

1. 升温

不同品种甜樱桃休眠时间长短不一，即需冷量不同，一般当累计低温达到 1 000~1 200 h 后才能完成树体休眠。研究表明：红灯、红艳、早红珠需

图 7-1　清理落叶杂草

图 7-2　休眠期修剪

冷量为 800~850 h；佳红、美早需冷量为 950~1 000 h；拉宾斯、雷尼需冷量为 1 200~1 400 h，且成熟期较晚。只有满足了品种的需冷量，才能揭帘升温。大连地区一般在 10 月末、11 月初扣棚，12 月末或翌年 1 月初开始升温。北方地区可稍早。

2. 调控温湿度

对棚内温湿度应根据果树不同时期对温度、湿度的要求（表 7-1）进行调节，并要求管理人员每日严格做好记录。

表 7-1 甜樱桃各生育期温湿度及地温指标

温湿度	休眠期	萌芽期	开花期	幼果期	着色期	采收期
温度 /℃	5~8	5~18	8~18	12~22	14~24	14~25
湿度 /%	70~80	70~80	50~60	50~60	50~60	50~60
地温 /℃	8~10	8~18	14~20	16~20	16~20	16~20

升温后第一周将草帘揭开 1/3 高度，以后每天逐渐升高，第三周开始全部揭开。升温 1 周内，棚内温度白天最高不超过 15 ℃，夜间不低于 8 ℃，之后每隔 2~3 d 提高 1 ℃，至 18 ℃ 保持到开花期。此期间温度控制不可过高或过低，因为从这时起至开花为萌芽期，也称孕花期。甜樱桃花芽在这段时间还在进一步分化，棚内温度过高、过低都会影响花芽分化的质量，最终影响树体的坐果和产量。

升温后，温度应缓慢提高，从开始升温至花期必须保证有 1 个月左右的时间，否则即便是开花了，坐果率也是极低的。

图 7-3 单氰胺

3. 打破休眠

在升温前一天的下午，全树洗喷 50% 单氰胺（图 7-3）70 倍液或芽早 70 倍液，进行补偿休眠，可以在果树需冷量满足前 10 d 左右喷布（图 7-4）。

破眠技术

图 7-4　喷破眠剂

知识链接

单氰胺使用及注意事项

单氰胺是无色的晶体，没有任何残毒，可用于冷量积累不足时进行破眠催芽。喷施单氰胺后，果树不但可以提前7~10 d萌芽、开花、果实成熟，而且萌芽率提高，开花整齐，果实成熟集中，单果重和产量均有明显提高。缺点是容易促进新梢的旺盛生长，因此要在棚内见到第一朵花开时，喷施一次PBO 70~80倍液，以控制新梢的旺长。对成熟度不足的枝和芽施用单氰胺，容易造成死枝、死芽的现象，应注意使用的浓度不能过高。

注意事项：

(1)贮藏时应注意安全防护，要避免药液同皮肤直接接触。处理时要戴手套，如接触皮肤应立即用肥皂水洗净。

(2)本品具有较强的醇溶性，所以操作人员应注意在使用前后1 d内不可饮酒。

(3)放在儿童触摸不到的地方。于避光干燥处保存，不能与酸或碱放在一起。

(4)喷施破眠剂时一定要将药剂进行二次稀释。

(5)稀释水温应在12 ℃以上。

(6)配好的药液应在当天使用。药液喷布要均匀、周到，否则萌芽不整齐，花果同枝成熟期不一致(图7-5)，不可以漏喷，重复喷。重复喷则花芽、叶芽受伤，严重时整个树体受伤(图7-6和图7-7)。

(7)秋季补栽的结果大树要一同喷施。

图7-5　喷施不均匀萌芽不整齐，花果同枝成熟期却不一致

图 7-6　破眠剂稀释不均或浓度过高或喷施过重导致花芽受害

图 7-7　破眠剂稀释不均或浓度过高或喷施过重导致叶芽和树体受害

4. 防治病虫害

一般在喷破眠剂 1 周后，对果树喷布 5 波美度石硫合剂，以杀灭有害菌类和越冬虫卵。此期如发现桑白蚧等害虫，须即时进行人工刮治。

知识链接

桑白蚧（桑盾蚧）

【危害特征】

以若虫和雌成虫群集树干、树枝固定取食果树的汁液，6~7 d 后开始分泌物质形成蚧壳；蚧壳形成后，防治比较困难。严重发生时，蚧壳布满枝干

(图 7-8),造成树势减弱,甚至枝条和植株死亡。由于防治较困难,如防治不力,几年内即可毁坏樱桃园。

图 7-8　桑白蚧为害树干

【害虫识别】

成虫:桑白蚧雌虫躲藏在黄褐色的蚧壳下,蚧壳近圆形,直径 2~2.5 mm,拨开蚧壳,可见淡黄色的虫体;雄虫蚧壳细长,白色,1~1.5 m。

若虫:椭圆形,雌虫橘红色,雄虫淡黄色,1 龄时有足,3 对,2 龄后退化。

卵:呈椭圆形,淡红色。

【生活习性】

1 年发生 4 代,以受精雌成虫在枝干上越冬,翌年果树萌动之后开始吸食为害,2 月底 3 月中旬为越冬成虫产卵盛期,第 1 代、第 2 代若虫孵化较整齐,第 3 代、第 4 代不甚整齐,世代重叠。

【防治方法】

(1) 植物检疫　加强检疫,调进苗木时,发现带有桑白蚧,应将苗木烧毁。

(2) 农业防治　冬季清园时剪除受害重的枝条。

(3) 化学防治　萌芽前,在幼虫孵化后分散为害初期,及时施药防治。可喷施 24% 螺虫乙酯悬浮剂 4 000~5 000 倍液、99% SK 矿物油 100~200 倍液、48% 毒死蜱乳油 1 000 倍液,用药时加上有机硅助剂效果更佳。

草 履 蚧

【危害特征】

草履蚧属大型介壳虫，若虫和雌成虫常成堆聚集在芽腋、嫩梢、枝干上或分杈处吮吸树木汁液为害(图 7-9)，造成植株生长不良，早期落叶，严重时导致树体死亡。

图 7-9　草履蚧为害树干

【形态识别】

成虫：雄虫成虫体长 4~6 mm，体色呈暗红至紫红色，1 对翅，腹部末端有 2 对尾瘤；雌虫成虫体长 10~13 mm，呈扁平椭圆形，背呈灰褐色至淡黄色，微隆起，边缘呈橘黄色，表面密生灰白色的毛，头部触角呈黑色，有粗刚毛，整个体表附有一层白色的薄蜡粉。

卵：长约 1 mm，椭圆形，初产时黄白色，后渐变为赤褐色，卵产于白色绵状卵囊内，内有卵数 10~100 粒。

若虫：体小，色深，外形与雌成虫相似，赤褐色。触角棕灰色，第 3 节色淡。

雄蛹：圆筒形，褐色，长约 5 mm，外被白色绵状物，有 1 对翅芽，达第二腹节。

【生活习性】

1年发生1代，初孵若虫以卵在土表、草堆、树干裂缝处和树杈处越冬，升温后卵开始孵化，若虫出土后沿树干爬到嫩枝处集聚固定，刺吸为害，雌虫若虫3次脱皮后变为成虫。

【防治方法】

(1) 农业防治　冬季深翻土壤，消灭土壤中的成虫和卵，或在雌成虫下树产卵前，在树根基部挖环状沟，宽30 cm，深20 cm，填满杂草，引诱雌成虫产卵，待产卵期结束后取出杂草烧毁，消灭虫卵。

(2) 生物防治　保护天敌，红环瓢虫对草履蚧具有较好的捕食效果。

(3) 化学防治　在若虫盛发期，喷施24%螺虫乙酯悬浮剂4 000~5 000倍液、99% SK矿物油100~200倍液、22%氟啶虫胺腈悬浮剂5 000倍液。

知识链接

腐烂病(流胶病)

【症状】该病主要危害植株主干及主枝。发病初期，病部稍凹陷，可见米粒大小流胶，流胶下树皮呈黄褐色，发病后期病斑表面生成钉头状灰褐色的突起(图7-10)，病斑表皮下腐烂，湿度大时有黄褐色丝状物。

图7-10　腐烂病

【传播途径】

该病菌属弱寄生菌，在树势较弱的植株上发病快。病菌以菌丝体、子囊壳及分生孢子器在树干发病组织中越冬，翌年雨季来临时分生孢子借雨水传播，从植株伤口或皮口侵入，在树皮与木质部消解细胞，形成大量胶质孔隙，树皮裂开后，病部常发生流胶。该病春季至秋季发病较快，高温、高湿环境下易发生。此外，其他病害、虫害、冻害、机械伤等造成的伤口也是引起该病的重要因素，同时修剪过度、施肥不当、水分过多、土壤理化性状不良等也可引起流胶。

图 7-11　腐烂病灶刮除

【防治方法】

(1) 农业防治　增施有机肥，防止旱、涝、冻害，预防日灼，加强蛀干害虫防治，修剪时尽量减少伤口，避免机械损伤。

(2) 物理防治　冬季树干涂白。

(3) 化学防治　喷施 0.136% 芸薹·吲乙·赤霉酸可湿性粉剂等增强树势，提高树体自身抵抗能力；在伤口处涂抹 1.5% 噻霉酮或 78% 波尔·锰锌或 50% 氯溴异氰脲酸，并全园喷雾；发现病斑后用刀刮涂，并用 70% 甲基硫菌灵可湿性粉剂 50 倍液涂抹伤口，再涂抹植物或动物油脂保护伤口（图 7-11）。

5. 追肥

在这一时期进行适量追肥，能明显提高果树坐果率、促进枝叶生长。萌芽前应株施尿素 0.2~0.3 kg、复合肥 1 kg，还可施入浸泡过的豆饼肥；或追施腐熟的人类粪尿、果树专用肥，氮磷钾三元复合肥等速效性含多种元素的化肥，在树冠树影外围用施肥叉进行追肥（图 7-12）。也可以进行根外追肥，即树干涂抹氨基酸液肥。

图 7-12　萌芽前追肥(1)

图 7-12　萌芽前追肥(2)

知识链接

土肥水管理

1. 温室栽培甜樱桃的需肥特点

(1) 对贮藏营养水平要求更高　温室栽培甜樱桃要比露地提前生长2~3个月，贮藏在树体内的养分转化时间不足，无法及时供应其生长的需要；同时，棚内温度相对较低、光照条件较差，新生叶片转色期加长，光合效能低，也造成了树体当年早期产生的营养较少，因此温室栽培甜樱桃对贮藏营养的依赖性更高。高贮藏营养水平不仅有利于甜樱桃的正常生长，更有利于其花芽的进一步分化。要提高树体贮藏营养水平，必须从萌芽前后抓起。生产实践证明从萌芽开始每隔7~10 d喷施1次0.2%~0.3%的尿素、磷酸二氢钾或600倍液活力素是提高树体营养的有效措施；另外，合理的生长季修剪，如疏枝等，可以改善树体的通风透光条件，促进叶片的光合作用，也是提高贮藏营养水平的有效措施；其他措施如病虫害防治、控制新梢旺长及合理的水分管理等，均有利于提高树体贮藏营养水平。此外，保证贮藏养分合理利用，如在保证坐果率的情况下适当进行疏花疏果、控制枝叶旺长等也是有效措施。

(2) 根系吸收功能差　温室栽培条件下，棚内地温相对较低而气温较高，加上树体贮藏营养不足，地下部与地上部生长往往不协调，新根发育较晚。因此，在管理上要从三个方面加以解决：一方面，棚前沿要挖防寒沟，加隔热层，提高和保持棚内地温，增强根系活力。休眠期间要保持土壤温度在7 ℃。另一方面，升温后要勤松土，提高地湿，避免土壤板结。第三，要加强根外补充施肥，通过叶面喷肥、树干涂抹追肥等措施，提高树体营养水平。

(3) 易发生各种缺素症　温室栽培甜樱桃，尤其是经过多年连续扣棚后，土壤中的盐分会积聚而引起土壤盐渍化，容易引发各种缺素症。缺素症对甜樱桃正常生长会造成极为不利的影响，轻者生长不良，重者降低产量，影响果实品质。缺素症发生的原因可概括为以下几个方面：贮藏营养不足，对缺素缓冲能力减弱，元素在树体内运输载体减少，移动性差；根系活动能力差，对各种元素特别是微量元素吸收减少；土壤盐渍化，降低了各种元素的有效含量。在生产上要采取有针对性的措施解决果树缺素问题，如在加大施用充分腐熟有机肥的基础上增加叶面喷施微量元素肥，做到平衡施肥，是矫正生理缺素症的有效措施之一。此外，在生产上还要注意克服土壤盐渍化。增施有机肥，提高土壤有机质含量；合理施用各种化肥，达到离子平衡，这些都是预防盐渍化的有效措施。但化肥施用量应尽量减少，应选择硫钾型多元复合肥，不用带氯离子的化肥（如氯化钾、氯化铵等）和单元素化肥（如硫酸铵等）。其他减轻土壤盐渍化的措施还包括：及时揭膜、增加淋溶和采取台田式栽培；使用多年的棚要采取淡水洗盐或客土改造等措施，减少土壤盐分含量，利于甜樱桃正常生长发育。

2. 施肥依据

甜樱桃的施肥应以树龄、树势、土壤肥力和品种的需肥特性为依据，掌握好肥料种类、施肥数量、施用时期和方法，以及时适量地供应甜樱桃生长发育所需的各种营养元素。3 年生以下的幼树，树体处于扩冠期，营养生长旺盛，此期对氮、磷需求较多，应以氮为主，辅以适量磷肥，促进树冠及早形成，为结果打下坚实的基础。4~6 年生为初果期，此期除了树冠继续扩大、枝叶继续增加外，关键是完成了由营养生长到生殖生长的转化。促进花芽分化是施肥的重要任务，因此应注意控氮、增磷、补钾。7 年生以后进入盛果期，由于大量开花结果，树势减弱，施肥除供应树体生长所需营养外，更重要的是为果实生长提供充足营养。此期应适量配施氮、磷、钾肥。甜樱桃果实生长需钾量较多，应适当增加钾肥的施用量。

年周期中，甜樱桃具有生长发有迅速、需肥集中的特点。从萌芽至采收是甜樱桃需肥的高峰期。在这一时期，应根据树体生长情况增施化学肥料和有机肥料。

3. 施肥原则

(1) 增施有机肥　充分腐熟的有机肥可以提高土壤有机质含量，增加土壤的缓冲能力，有利于形成稳定的团粒结构；有利于提高土壤肥力，养分全面可克服生理性缺素症；可改善土壤结构，促进甜樱桃根系的发生、生长，扩大根系的分布范围；可增加棚内二氧化碳浓度，有利于甜樱桃树体的光合作用；可以有效防止盐分积累，减轻盐渍化的危害。因此，施肥应以有机肥为主，化肥为辅。

(2) 抓住几个关键时期　生命周期中抓早期，先促进扩冠生长，再促进花芽分化。年周期中抓萌芽、花后、采收后和休眠前 4 个时期。

(3) 应注意平衡施肥　一方面，要注意化肥种类不能产生盐渍化；另一方面，养分要全面，有利于克服缺素症。在目前达不到测土施肥的情况下，以施多元复合肥为最佳。甜樱桃栽植应施硫钾型化学合成复合肥，还要根据各生育时期需肥特点有所侧重。

4. 施肥方法

(1) 土壤施肥　土壤施肥应尽可能地把肥料施在根系集中分布的区域，以便充分发挥肥效。甜樱桃的吸收根系多分布在树冠下 10~40 cm 的土层中，其根基部位的根系主要起输导、贮藏营养的作用，只有在树冠外围及枝梢垂直于地面地带的根系才是主要吸收根系。无论是追施化肥还是施基肥，都要根据根系的这些分布特点进行操作。施肥后要注意及时覆土、灌水。

①环状沟施肥：此种施肥方法适用于基肥的施用，幼树期一般结合扩穴进行。第一年秋施基肥时，在树冠投影处树盘的两侧各挖一条深、宽各 40~50 cm，长约树冠的 1/4 的半圆形沟，把有机肥与土按 1∶3 的比例及一定数量的化肥掺匀后回填。有机肥料的施入层不要过深，一般应在 15~40 cm 的土层内。第二年施树冠的另两侧。

②条沟施肥：适用于土壤追肥和秋施基肥。在树的行间或株间或隔行开沟施肥，每年开一个方向的条沟，交替使用。沟长依树冠冠幅而定。施基肥时沟深、宽各 40~50 cm。追肥时，沟应稍浅，挖 15~20 cm 深即可(图 7-13)。

③放射沟施肥：这种方法适用于株行距较大的结果期树的土壤追肥。从距树干 50 cm 处向外开始挖 6~8 条放射状沟，沟长至树冠的外缘，中心部较浅较窄，外围较深、较宽。如果用于追肥，沟深 10~15 cm 即可(图 7-14)。

上述几种施肥方法可在施肥时交替使用。特别是盛果期的大树扩穴任务已基本完成时，应交替使用环状沟、条沟及放射沟施肥，这样可以增加肥料的分布范围，利于根系的吸收。注意挖沟时不要伤害到较粗大的根系。

图 7-13　条沟施肥

图 7-14　放射沟施肥

(2) 随水冲施　这是一种将易溶于水的冲施肥料随浇水施入土壤的追肥方式。这种方式不用挖沟，可节省用工量，而且随水施入可使营养均匀分布于土壤中，有利于根系吸收。

(3) 根外追肥　甜樱桃除通过根部吸收养分外，还可通过叶片、枝条、树干吸收养分。根外追肥是一种应急和辅助土壤追肥的方法，具有见效快、节省肥料、简单易行等特点。根外追肥能直接供给树体养分，及时补充树体消耗，并可防止养分在土壤中的固定和转化。

①叶面追肥：矿质营养可通过叶片和枝条进入树体，一般认为叶片上的气孔是养料进入的主要途径，尤其是叶背面，角质层薄、气孔多。在叶背面喷施叶面肥，养分吸收转化快，是及时补充营养、防治缺素症的应急措施。叶面肥一般在下午和傍晚喷施，可与防治病虫害相结合，但要求两者用料间无不良反应。

②涂干追肥：这是一种新型根外追肥的方法，在设施栽培中尤为适用。具体方法是将专用型的液体肥料（应用较多的是氨基酸液肥）按一定比例稀释后，用毛刷均匀涂于树体的主干上，通过树皮的皮孔渗入，通过养分和水分的输导，直接被树体地上部各器官吸收和利用。这种追肥方法比叶面追肥的肥效时间长。据有关资料报道，在施足基肥的基础上，20 d 左右涂抹一次氨基酸液肥基本可满足树体生长发育的需要。

5. 施肥量

关于施肥量的理论计算方法目前公认比较好的是果树营养平衡施肥法，其计算公式为：

$$\text{果树合理施肥量}=\frac{(\text{果树吸收量}-\text{土壤天然供肥量})\times 100\%}{\text{肥料利用率}}$$

据中国农业科学院土壤肥料研究所试验计算，我国肥料中 3 种主要元素的平均利用率为：氮肥 35%、磷肥 20%、钾肥 45%。肥料的利用率还受不同土质影响，沙土地肥料利用率最低，黏土地肥料利用率较高。

一般土壤天然供肥量占树体需要的份额是：氮肥 1/3、磷肥 1/2、钾肥 1/2。

果树吸收量的测定方法是分别测出花、果、叶枝、根的干重和各种元素的百分含量，再计算出吸收量。但这样计算出的数据也只能参考，具体施肥量的多少还要考虑树龄、树势、产量、土质等诸多因素。以下是山东烟台地区甜樱桃施肥经验数据，可供参考。

基肥：农家肥，幼树 50 kg/ 株，盛果期树 100 kg/ 株；饼肥，幼树 15 kg/ 株，盛果期树 30 kg/ 株。

追肥：盛果期树，人粪尿 30 kg/ 株或猪粪尿 50~100 kg/ 株或豆饼水 2.5~5 kg/ 株。尿素每次施肥量为幼树 0.1~0.4 kg/ 株，盛果期树 0.5~1 kg/ 株；过磷酸钙施用量同尿素；果树专用肥或三元复合肥为盛果期树每次施 1.5 kg/ 株，幼树酌情减量。

需要注意的是，在施肥中，氮、磷、钾要合理配比。因土质、气候、品种、树势、树龄等不同，各元素配比比例也应不同，应根据本园地的具体情况，通过观察树相及土壤营养分析测定，决定施肥种类、施肥量。

6. 常用肥料种类

(1) 有机肥料　有机肥料来源于农家肥料，种类多、来源广、养分含量全面。有机肥料大多含有丰富的有机质腐殖酸及果树所需的各种大量元素和微量元素，并含有多种激素、维生素等，为完全肥料，养分主要以有机态存在，要经微生物发酵分解后才能被甜樱桃吸收利用，肥效长但见效慢。

(2) 无机肥料　无机肥料又叫化学肥料。其特点是养分含量高、肥劲大、肥效快，但养分单一、不含有机质、肥效短，长期单纯使用会引起土壤板结，并可造成土壤和水体污染，包括氮肥、磷肥、钾肥、复合肥。

(3) 微量元素肥料　微量元素在甜樱桃的生长发育过程中是必不可少的。当树体缺乏某种微量元素时就会表现出相应的缺素症状，导致果树生长发育不正常，果实的产量和品质受到影响。施用微量元素肥料应注意不同元素之间存在辅助或拮抗作用，如氮、钙、镁间有辅助作用，当一种元素增加会有利于其他两种元素的吸收；而磷、钾、铁之间则有拮抗作用，当土壤中磷过量时，如果不增施钾、镁，树体就会减少对钾、镁的吸收，表现出缺钾、缺镁的症状。各种微肥的使用浓度见表 7-2。

表 7-2　主要中微量元素肥料的成分和性质

肥类	名称	养分含量 /%	水溶性	施用方式	叶喷浓度 /%
铁肥	硫酸亚铁	19~20	易溶	叶喷	0.3
硼肥	硼砂	11	40 ℃水溶	土施	0.3
	硼酸	17	易溶	叶喷	0.2~0.3
锌肥	硫酸锌	35~40	易溶	叶喷、土施	0.3
锰肥	硫酸锰	24~28	易溶	叶喷、土施	0.2
镁肥	硫酸镁	—	易溶	叶喷、土施	0.2

7. 缺素症

(1) 缺镁症

症状：缺镁症首先发生在老叶上，表现为叶脉间失绿黄化，严重时整个叶片黄化（图 7-15），并引起早期落叶，最终导致植株生长减弱与产量下降。

发病条件：在酸性条件下，镁经雨水很容易淋失，因此缺镁常常发生在中雨量或高雨量区的酸性沙质土中。铁与钾之间存在拮抗关系，多施钾肥时，会加重缺镁的程度。

防治方法：叶面喷施1.5%的硫酸镁，自开花开始每周喷2~3次。叶面喷施时，也可用氯化镁和硝酸镁代替硫酸镁。喷布时可和其他农药混用，但在幼叶期必须降低浓度，防止发生药害。氨肥与镁肥有很好的辅助作用，施镁的同时适量施氨肥有助于镁的吸收。

(2) 缺硼症

症状：缺硼症主要表现在先端幼叶和果实上。缺硼时表现为幼叶脉间失绿、果实出现畸形（图7-16）、无种子等。

图7-15　缺镁叶片症状

图7-16　缺硼果实症状

发病条件：缺硼与土质、土壤酸碱度、根系分布深浅、土壤含水量等因素有关。在施氨、钾、钙较多的情况下会影响硼的吸收，容易造成缺硼。硼的溶解度与水关系密切，干旱少水的情况下也会降低土壤中硼的有效性，引起缺硼。

防治方法：叶面喷施。叶面喷施是一种应急的措施，发挥作用较快。喷施的时间是在开花前1~2周开始喷，每隔7~10 d一次，共喷2~3次。浓度为0.2%~0.3%，为了防止药害，可加0.3%的生石灰溶液。另外，为防止缺硼，干旱的年份要特别注意浇水。

6. 灌萌芽水

揭帘升温时要灌萌芽水。此次浇水可增加棚内湿度，促进根系活动，促进萌芽整齐。浇水量要适中，以浇透但地面不可积水为宜。一般适于甜樱桃树体生长发育的土壤含水量，在田间最大持水量的60%~80%范围内，此时最有利于根系吸收。

知识链接

灌水方法

甜樱桃在不同生长发育时期对水分的需求量不同。升温前至萌芽前，树盘内应灌一次透水，待地表稍干后松土覆地膜；以后可依据天气和土壤墒情适量灌水。灌水应掌握不旱不涝的原则，可在花前采收后、秋施肥后、上冻前各灌一次。灌水方法有沟灌、畦灌、滴灌等。

图 7-17 滴管

滴灌是一种值得推广利用的灌水方法。滴灌时将水通过树下穿行的低压塑料管道送到滴头，由滴头形成水滴或细水流，缓慢地流向树根部（图 7-17）。此法可防止土壤板结和次生盐渍化，既可保持土壤均匀湿润，又能保证根域土壤通气，在一定程度上还可防止根部病害蔓延，防止因浇水过多而引起涝害，且比喷灌节约用水 50% 左右。在设施栽培中，采用滴灌方式灌水，有利于控制土壤湿度和空气湿度，也方便操作。

7. 覆盖地膜

覆盖地膜既能保墒，也可以防治杂草（图 7-18）。

8. 修剪

此期修剪主要是在枝条缺枝位置进行刻芽，促进其萌发新梢。此期树体结构明显，可进行拉枝。

图 7-18 覆盖地膜

三、萌芽期如何管理？

知识链接

樱 桃 芽

甜樱桃的芽按在枝条上的着生部位分为顶芽和腋芽，按性质分为花芽和叶芽（图 7-19、图 7-20）。顶芽都是叶芽，腋芽单生（一个叶腋只生一个腋芽），可以是叶芽，也可以是花芽。盛果期树的中、长果枝前端的芽多为叶芽，后端则多为花芽；短果枝和花束状果枝的腋芽一般均为花芽。在形态上，花芽短粗，中间鼓，呈长卵圆形，位于枝条的下部；叶芽瘦长，呈圆锥形或宽圆锥形，位于枝条的上部。在春天花芽一般早于叶芽萌动。

樱桃的花芽为纯花芽，一个花芽中含 1~5 朵花，多为 2~4 朵；花芽不能抽生枝条和生长出叶片（图 7-21），只能开花结果，结果后留下疤痕，在枝条下部形成一小段光秃带。叶芽只能抽生枝条或展叶，不能开花结果。

图 7-19　叶芽

图 7-20　花芽

樱桃的芽为离生，芽体与其着生的枝条间的夹角较大，芽尖与枝条分离。这一特点会影响对苗木的包装和运输，因为在操作过程中容易将芽碰落，造成光秃带。

樱桃的叶芽萌芽率很高，除生长旺盛的生长枝基部少数发育不良的腋芽外，一般均可萌发。

樱桃的腋芽还具有早熟性，当年形成的腋芽在植株生产旺盛时或摘心处理后，当年即可萌发，形成二次梢（图 7-22）。

图 7-21　花芽生成多个花朵

图 7-22　芽早熟性

在樱桃树发育枝的基部和春秋梢之间的盲节处，叶腋间或叶痕处存在不容易观察到的腋芽，它们是潜伏芽或称隐芽（图 7-23）。潜伏芽发育程度很低，多为瘪芽，第 2 年不能正常萌发，呈潜伏状态。樱桃的潜伏芽寿命很长，可达 10~20 年。当潜伏芽受到外界刺激（如重剪回缩等）时，可以萌发而生长出发育枝，这是樱桃树骨干枝和树冠更新复壮的基础。

图 7-23　潜伏芽

1. 温湿度要求

萌芽期温室内的温度应控制在 10~15 ℃，最适宜温度为 12~14 ℃；白天最高温度不超过 18 ℃，夜间最低温度不低于 8 ℃。湿度应调控在 70%~80%，白天湿度过低时可喷水增加湿度。

如温度过高(25~30 ℃)，易造成高温闷棚，使孕花期不足 25~28 d，导致花器官发育不全(图 7-24)，影响坐果率。即使靠药物能坐住果，也易导致果实缝合线开裂(图 7-25)。

图 7-24　高温引起花器官发育不全

图 7-25　高温引起果实缝合线开裂

2. 修剪

此期主要修剪方法是抹芽，抹掉着生位置不当及生长过密的芽(图 7-26)。

3. 疏花蕾

对花芽量过大的树，应进行疏花蕾，一般疏除花束状果枝下部的瘦小花芽，以每花束状果枝上保留 3~5 个花芽为宜。

4. 防治病虫害

加强病虫害防治，具体病虫害及防治方法参见知识链接内容。

知识链接

绿盲蝽

【危害特征】

绿盲蝽近几年在甜樱桃产区发生日趋严重。该虫以若虫和成虫刺吸樱桃树幼芽、嫩叶、花蕾及幼果的汁液为害，被害叶芽先呈现失绿斑点，随着叶片的伸展，被害点逐渐变为不规则的孔洞，俗称“破叶病”“破天窗”(图 7-27)。花蕾受害后，停止发育，枯死脱落。幼果受害后，被刺处果肉木栓化，发育停止，果实畸形，呈现锈斑或硬疤，失去经济价值。

图 7-26　抹芽

图 7-27　绿盲蝽

【形态识别】

成虫：体长 5~5.5 mm，宽 2.5 mm，全体绿色。头宽短，头顶与复眼的宽度比约为 1.1：1。复眼黑褐色、突出，无单眼。触角 4 节，比身体短，第二节最长，基两节黄绿色，端两节黑褐色。喙 4 节，端节黑色，末端达后足基节端部。前胸背板深绿色，密布刻点。小盾片三角形，微突，黄绿色，具浅横皱。前翅革片为绿色，革片端部与楔片相接处略呈灰褐色，楔片绿色，膜区暗褐色。足黄绿色，腿节膨大，后足腿节末端具褐色环斑，胫节有刺。雌虫后足腿节较雄虫短，未超腹部末端。跗节 3 节端节最长，黑色。爪二叉，黑色。

卵：白色或黄白色，长 1 mm 左右，宽 0.26 mm，香蕉形，端部钝圆，中部略弯曲，颈部较细，卵盖黄白色，中央凹陷，两端稍微突起。

若虫：共 5 龄，洋梨形，全体鲜绿色，被稀疏黑色刚毛。头三角形。唇基显著，眼小，位于头两侧。触角 4 节，比身体短。腹部 10 节，臭腺开口于腹部第三节背中央后缘，周围黑色。跗节 2 节，端节长，端部黑色。爪 2 个。

【防治方法】

(1) 农业防治　结合冬季清园，清除落叶与杂草，翻整土壤，可减少越冬虫卵，同时消灭越冬虫源和切断其食物链。

(2) 生物防治　绿盲蝽的主要天敌有寄生蜂、草蛉、捕食性蜘蛛等。在绿盲蝽发生期，可在果园内释放草蛉 2 次。

(3) 化学防治　绿盲蝽对樱桃造成危害的主要是一代若虫，因此一般在 4 月中下旬樱桃开始长梢展叶后立即喷药防治。可在树上喷洒 4.5% 高效氯氰菊酯 2 000~3 000 倍液，或 2.5% 联苯菊酯 2 000~3 000 倍液，或 3% 啶虫脒 2 000~2 500 倍液等。喷药时间最好在每天上午 10 时以前，喷药要细致周到，重点部位为新梢和嫩叶。用药次数为 7 d 喷 1 次，连喷 2 次。

知识链接

铜绿金龟子

【危害特征】

成虫危害叶片，造成缺刻或孔洞，影响光合作用（图 7-28）。化蛹前的幼虫（蛴螬）长期生活在浅土层中，啃食幼树颈部皮层和幼根，影响根部吸取水分和养分，使被害樱桃树生长受阻，严重影响树势和果实产量。

图 7-28　铜绿金龟子

【形态识别】

成虫：体长 15~22 mm，宽 8.3~12.0 mm，长卵圆形，背腹扁圆，体背铜绿具金属光泽，头、前胸背板、小盾片色较深，鞘翅色较浅，腹面乳白、乳黄或黄褐色。头、前胸、鞘翅密布刻点。小盾片半圆，鞘翅背面具 2 纵隆线，缝肋显，唇基短阔梯形前线上卷。触角鳃叶状 9 节，黄褐色。前足胫节外缘具 2 齿，内侧具内缘距胸下密被绒毛，腹部每腹板具毛 1 排。前、中足爪；一个分叉，一个不分叉，后足爪不分叉。

幼虫：老熟幼虫体长 30~35 mm，头宽约 5 mm，乳白色，头黄褐色近圆形。

蛹：圆形，长约 20 mm，宽约 10 mm，裸蛹，土黄色。

【生活习性】

1 年发生 1 代，以老熟幼虫越冬，翌年春季气温回升解除滞育，5 月下旬至 6 月上中旬在 15~20 cm 的土层中化蛹，6 月中下旬至 7 月末是成虫发生危害盛期。少数以 2 龄幼虫、多数以 3 龄幼虫越冬。成虫飞行力强，具有假死性、趋光性和群集性，风雨天或低温时常栖息在植株上不动。

【防治方法】

(1) 农业防治　冬季翻耕果园土壤，可杀死土中的幼虫和成虫。

(2) 物理防治　可利用成虫趋光性，设置黑光灯或频振式杀虫灯在夜间诱杀；可利用其假死性，在清晨或傍晚振动树枝捕杀成虫。

(3) 生物防治　可选用 150 亿 /g 球孢白僵菌可湿性粉剂 800 倍液进行防治。

(4) 化学防治　①成虫防治：用 48% 毒死蜱乳油 800~1 600 倍液或 2.5% 溴氰菊酯乳油 1 500 倍液喷雾。或成虫出土前，地面撒施 5% 毒死蜱颗粒剂或 5% 辛硫磷颗粒剂拌土撒施。②幼虫防治：用 5% 毒死蜱颗粒剂或 5% 辛硫磷颗粒剂杀灭，也可用 48% 毒死蜱乳油 1 000 倍液灌根。

四、开花期如何进行管理？

知识链接

甜樱桃花

甜樱桃的开花物候期可以分为 3 个阶段。开花初期，指全树有 5% 左右的花开放的时期；开花盛期，指全树有 50% 左右的花开放的时期；开花末期，指全树有 75% 的花正常脱落的时期。

樱桃树一般在日均气温达到 15℃时开花，花期可持续 1~2 周（图 7-29）。不同品种开花期不同，相差 5~7 d。花期早晚还与树龄、树势、果枝类型有关。一般幼龄树的花期晚于成龄树，旺树的花期晚于弱树，长枝的花期晚于短枝。

图 7-29　樱桃开花过程

知识链接

甜樱桃叶

图 7-30　樱桃叶

叶片的主要功能是光合作用和蒸腾作用。甜樱桃单个叶片的叶面积一般为 65~68 cm^2，最大可达 135 cm^2（图 7-30）。随着新梢的生长，甜樱桃树体的总叶面积迅速扩大，并与 4 ℃以上的积温（日均气温累加值）正相关。甜樱桃叶片的光合速率要高于苹果、欧洲葡萄和柑橘。叶片在发育到接近全大时，单位面积的光合速率最高，大约维持 2 周或更长时间，然后开始下降。在 17~30 ℃温度范围内，樱桃叶片随着温度的升高，光合速率加快。

1. 温湿度要求

此期温室内的温度宜维持在 8~18 ℃（表 7-1），白天以 15 ℃为宜，最高气温不能超过 18 ℃，夜间最低温度花蕾期不低于 5 ℃，花期不低于 8 ℃。甜樱桃花器耐寒力较差，温度低会影响花粉管的生长，使受精受阻，影响坐果。湿度保持在 50%~60% 为宜，白天湿度过低时可喷水增湿。

2. 花前锻炼

在花前 10 d，每逢晴天，应在不降低室内温度的前提下揭膜放风，增加花器官对自然条件的适应能力，提高花器的发育质量。注意在萌芽期不要放帘降温，也不要用高温闷棚催芽。

3. 灌花前水

开花前浇水，目的在于满足发芽、展叶、开花对水分的需求。如果此期土壤比较湿润，土壤含水量占田间最大持水量的 75% 以上，则可不浇水；若低于 60%，则应及时浇水补充水分，此时浇水应以“水流一过”为度。

4. 疏花

疏花可以使树体负载合理，减少养分消耗，有利于果实的发育和果实品质的提高。在花开后，应疏去双子房的畸形花、弱质花，以每个花序上保留 2~3 朵花为宜。

5. 追肥

花期追肥对促进开花、坐果和枝叶生长都有显著的作用。此期一般以根外追肥为主，盛花期可喷施 0.2% 尿素 +0.2% 硼砂。

6. 授粉

一是人工授粉，时间宜在 8~10 时进行，随开随授。二是花期释放壁蜂或蜜蜂进行辅助授粉，一般每亩 1 箱蜜蜂，在开花前 1~2 d 放入温室。

(1) 辅助授粉

大多数樱桃品种自花不实或自花结实能力很低，且在温室内无风、无昆虫传粉，为此除了建园时要合理地配置授粉树以外，还必须在花期采取辅助授粉的措施，提高坐果率。

①人工辅助授粉　人工辅助授粉自初花期开始，每天进行 1 次，以在上午 9~10 时和下午 2~3 时授粉为宜；需人工采集花粉，用授粉器点授（图 7-31）。花粉来源是采集含苞待放的花朵，人工制备。具体做法是：将花药取下，薄薄地摊在光滑的纸盒内，置于无风、干燥、温度在 20~22 ℃ 的室内阴干，经一昼夜花药散出花粉后，装入授粉器中。花粉可在棚里采集，随时采随时用；也可在露地园采集，采后阴干，阴干后放入干燥器皿中密封，在 −30~−20 ℃ 的低温条件下贮藏，待授粉时取出花粉，在室温条件下放置 4 h 以上再进行人工点授。授粉器的制作方法是，在青霉素瓶盖上插一根粗铁丝，在瓶盖里铁丝的顶端套上 2 cm 长的气门芯，并将其端部翻卷。人工点授以花开的第 1、

图 7-31　人工授粉

2天效果最好。

②花期放蜂　人工点授花粉虽然坐果率较高，但是费时、费工，还应结合放蜂进行辅助授粉。可释放蜜蜂或者壁蜂授粉传粉（图7-32），初花时每温室放1箱蜂即可（图7-33和图7-34）。在放蜂期间，若遇雪天或低温天气，蜂不出巢采蜜，则必须采取人工授粉的措施，保证授粉。

在放蜂期间要避免喷施各种杀虫剂，以保证蜂的安全。

（2）授粉品种的配置

配置一定数量的授粉品种可以提高甜樱桃

图7-32　壁蜂授粉

图7-33　放蜂箱

图7-34　蜜蜂授粉

的坐果率。在温室中，主栽品种应占 70%，投粉品种应占 30%，一般选择适宜主栽品种 1~2 个，投粉品种 2~3 个。甜樱桃对异花授粉品种还有一定的选择性，有些品种还具有单向异花结实不稳定的特性，因此一个温室内栽植的甜樱桃品种一般不能少于 3 个，授粉品种的株数不能少于总株数的 30%。

授粉品种的位置应根据主栽品种与授粉品种的株数比例确定。一般采用分散式或中心式定植。无论怎样定植，都要确保授粉品种距被授粉品种不超过 5 m 距离。定植位置工作要在定植前设计好，避免无计划定植，造成授粉品种分布不均。不同品种授粉搭配见表 7-3。

表 7-3　甜樱桃主栽品种的适宜授粉品种

主栽品种	适宜授粉品种
红灯	佳红、宾库、红蜜、红艳、那翁、早红宝石
宾库	拉宾斯、红灯
龙冠	先锋
佳红	巨红、红灯、雷尼
红艳	红灯、佳红、红蜜
巨红	红灯、佳红、红艳
早红宝石	红灯、红蜜、红艳、那翁
5-106	红灯、红艳、佳红、8-129
8-129	红灯、红艳、雷尼

7. 喷坐果药剂

目前，甜樱桃生产中多用坐果药来提高坐果率(图 7-35)，喷药一般在落花期进行。坐果药宜现配现用，若存放时间过长，则药效降低。坐果药应喷到花裤中(也就是喷到子房上，图 7-36)，而不可全树喷施。因为坐果药中含有赤霉素，很容易造成枝条的徒长、叶片的肥大、畸形果(图 7-37)的产生和大小年结果现象的发生；因此在喷施时，要用一只手握住喷头喷药，另一只手用纸隔板盖住花周边的叶片，防止过多药液喷到叶片和新梢上。最好选择下午气温不高时施药。因为温度高时叶片吸收能力下降，会使过量药液沉积于叶表面，对叶片造成伤害。施药时温度要控制在 20 ℃以下。15~18 d 后喷第二遍药。如果间隔时间过长或者温度过高，会出现红头果(图 7-38)，引起严重落果(图 7-39)。对后开的花和小果还可在 7 d 后喷第三次药——不但可以显著提高坐果率，还可促进授粉受精后的果实生产。

喷坐果药

图 7-35　喷坐果药(1)

图 7-35　喷坐果药(2)

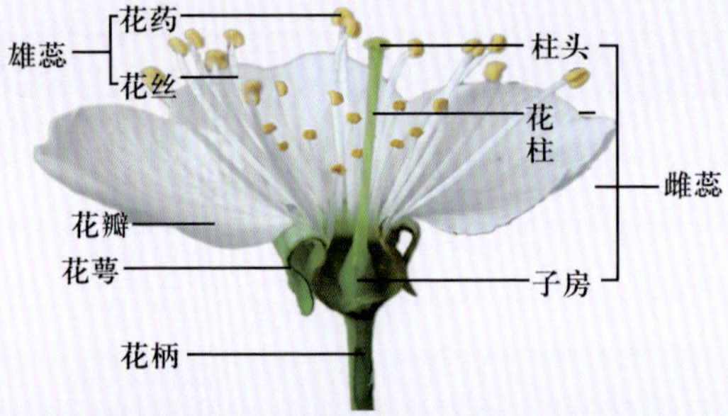

图 7-36　樱桃花结构

图 7-37　畸形果

图 7-38 红头果

图 7-39 樱桃落果

8. 提高坐果率的辅助措施

(1) 当新梢长至 5~10 cm 及时摘心,防止新梢与幼果争夺养分。

(2) 盛花期喷布 0.2% 尿素 +0.2%~0.3% 硼砂液 1 次。花期喷硼能促进甜樱桃花粉发芽和花粉管伸长,花朵坐果率可提高 13% 左右。

9. 病虫害防治

开花期如果空气湿度过大,易发生花腐病,应注意做好防治工作。

知识链接

花 腐 病

【症状】

主要为害花,也为害幼果和叶片。蕾和花朵染病时,花瓣及子房干枯,呈黄褐色,严重时花柄同时干枯,影响坐果。叶片染病时,在叶尖、叶缘或中脉附近,发生红褐色湿润状圆形斑点,很快扩展成不规则形红褐色病斑,潮湿时病部产生白色霉状物(图 7-40)。

【传播途径】

病菌在落于地面的花瓣和叶片上越冬,来年在树体萌芽前 10~15 d 到开花前 3~5 d,土壤温度达 5 ℃以上、湿度达 30% 以上时,菌核萌发形成子囊孢子,随空气流动侵入花蕾或花朵。低温寡照和多雨情况下易发病,不清园时发病重。

【防治方法】

芽前清园。花期低温寡照或多雨时,及时喷布 50% 速克灵可湿性粉剂 2 000 倍液,或 10% 多抗霉素可湿性粉剂 1 000~1 500 倍液。

图 7-40 花腐病

五、幼果期如何进行管理？

知识链接

甜樱桃果实

樱桃果实的发育一般需经历 3 个阶段(图 7-41)。①第一次快速生长期：从盛花期开始，持续 10~20 d，果实迅速膨大，果核体积增长到接近成熟时大小，此后，果实几乎停止增长。总体而言，果实的细胞分裂在盛花期前后最为旺盛，此后细胞分裂逐渐减弱，而细胞的体积增长逐渐加强，到硬核期时，由细胞生长产生的果实体积增加已经超过了细胞分裂所增加的体积。盛花后，子房中形成果核的部分生长迅速，尤其是胚乳的发育最为旺盛，无论是细胞分裂还是细胞

图 7-41　樱桃不同发育时期的果实

生长都十分活跃，直至进入第二期即硬核期。相对而言，子房中形成可食部分的中果皮在此期只是缓慢增长。②硬核期：接近正常大小的果核开始木质化，果实在外观体积上几乎停止增长。这一时期，果实外观变化很小，子房中形成可食部分的中果皮的发育几乎停止，而形成果核的组织却非常活跃。核壳木质化，硬度逐渐增大，颜色由白色变为褐色。种胚发育迅速，胚乳被吸收，种子形态基本形成,所以此期也称为胚发育期。该期需要 10~20 d,品种间差别较大,早熟品种所需时间短,晚熟品种所需时间长,被认为是控制果实成熟期的关键时期。③第二次快速生长期:果实体积和重量迅速增大,直至果实完全成熟。此期历时 15 d 左右,果实体积和重量增长占采收时果实的 50%~70%,果实生长的主要原因是细胞体积和重量增加、细胞间隙加大。树体当年的管理水平对此期的影响很大,充足的肥水供应与合理的叶面积是实现丰产优质的关键。

1. 温湿度要求

此期棚室内温度应维持在 12~22 ℃,白天最高气温不超过 23 ℃,夜间最低气温不低于 12 ℃。湿度保持在 50%~60%。幼果期需要充足的水分,如棚内土壤干燥,可灌一次小水,加水后适时浅耕。

2. 追肥

落花后,每株树应施尿素、复合肥 0.5~1 kg 并适量灌水。落花后 10~15 d 开始至采收后 1 个月左右,每隔 7~10 d 喷施一次叶面肥,叶面肥以磷酸二氧钾和活力素为主,并配合以树干涂抹氨基酸液肥。

3. 灌催果水

幼果膨大期也是花芽开始分化的时期。这一时期如供水不足,则影响幼果的发育,使幼果易早衰脱落,小果率增加;若水过量,则会导致新植徒长,引起落果。因此,这一时期灌水应更慎重。一般以花后 15~20 d 灌水为宜,水量仍以“水流一过”为度,结果大树灌水量以 50~60 kg 为宜,结果幼树以 30~40 kg 为宜。

4. 修剪

当年萌发新梢长至 5~10 cm 时进行摘心。

5. 病虫害防治

防治各种病虫害,具体病虫害种类及防治方法参见“知识链接”。

知识链接

细菌性穿孔病

【危害特征】

叶片、枝条、果实均可发病。

图 7-42　细菌性穿孔病

叶片染病后初期出现半透明淡褐色水渍状小点(图 7-42),后来逐渐扩大成紫褐色至黑褐色圆形或不规则病斑,边缘角质化,病斑周围有水渍状淡黄色晕环;后期病斑干枯,病斑脱落形成穿孔。

果实染病后果面出现暗紫色中央稍凹陷的圆斑,边缘水渍状。天气干燥时,病斑及其周围呈裂开状,露出果肉,易被腐生菌侵染引起果腐。

枝条染病后生成溃疡斑。春季枝梢上形成暗褐色水渍状小疱疹块,可扩展至1~10 cm;夏季嫩枝上产生水渍状紫褐色斑点,多以皮孔为中心,圆形或椭圆形,中央稍凹陷。

【传播途径】

病菌在落叶或枝梢上越冬,条件适宜时借风雨及昆虫传播。棚内湿度大、温度高时发病重,树势弱或偏施氮肥时发病重,春、夏两季发病重。

【防治方法】

(1) 农业防治　增施有机肥,避免偏施氮肥;注意果园排水,降低果园湿度;加强树体管理,合理修剪,保证通风透光良好;彻底清除枯枝、落叶等,集中烧毁;不与桃、李、杏等核果类果树混栽。

(2) 化学防治　发芽前喷5波美度石硫合剂,发芽后喷72%农用链霉素可湿性粉剂3 000倍液或20%噻唑锌悬浮剂300倍液,每隔15 d喷洒1次,连续喷2~3次。

知识链接

樱桃炭疽病

【危害特征】

该病危害樱桃叶片、果实及新梢。叶片被害后，出现圆形红褐色病斑，后逐渐扩大，后期病斑中央变灰白色，提前落叶（图 7-43）。幼果被害后，病斑呈暗褐色，病部凹陷、硬化，发育停止。成熟果实被害后，病斑凹陷，湿度大时病部会形成带有黏性的黄色孢子堆，部分果实受害会形成僵果。

图 7-43　炭疽病为害叶片

【传播途径】

以菌丝体或分生孢子器在枝梢、僵果等病残体中越冬。气温回升时、降雨后产生大量分生孢子，随风雨及昆虫传播。降雨频繁、田间湿度大时易发病。

【防治方法】

(1) 农业防治　注意温室棚清洁工作，及时剪除病枝、清扫落叶及摘除病果等，将病残体带至棚外集中烧毁，同时增施有机肥，增强树势，提高抗病能力。

(2) 化学防治　在樱桃花谢 7 d 后每隔 10 d 喷 1 次杀菌剂，可选用 25% 咪鲜胺乳油 1 000~1 500 倍液、25% 咪鲜胺水乳剂 1 000~1 500 倍液、50% 咪鲜胺锰盐可湿性粉剂 1 500 倍液等药剂。

樱桃褐腐病

【危害特征】

该病主要危害叶片、花、新梢、果梗与果实。叶片主要在展叶期受害,初期在叶片表面生成淡棕色病斑,后变棕褐色,表面有白色粉状物,后期叶片萎缩下垂。花器受害后,渐变成褐色,湿度大时表面形成一层灰褐色粉状物。该病蔓延到花梗、果梗及新梢上后会形成溃疡斑,病斑长圆形,中央稍凹陷,灰褐色,边缘紫褐色,常发生流胶。该病在果实生育期均可发病,以近成熟的果实为害重。幼果受害后,表面形成淡褐色小斑点,病斑逐渐扩大,颜色变为深褐色;成熟果实发病后,初期表面生成淡褐色小斑点,迅速扩至全果,全果软腐,病斑表面产生大量灰褐色粉状物(图 7-44),常呈同心轮纹状排列,即病原菌的分生孢子团。发生严重的,后期会出现僵果。

图 7-44　褐腐病为害果实症状

【传播途径】

及时收集病叶和病果,集中烧毁或深埋。改善通风透光条件,避免湿气滞留。开花前或落花后,喷 77% 可杀得可湿性微粒粉剂 500 倍液,或 50% 速克灵可湿性粉剂 2 000 倍液进行防治。

【防治方法】

(1) 农业防治　加强树体管理,增施有机肥,合理负载,增强树势;结合冬季清园及修剪工作,清除病残体,以消灭越冬菌源。

(2) 化学防治　树芽萌发前,均匀喷施 4~5 波美度石硫合剂;谢花后喷施 2 次杀菌剂,可选的药剂有 50% 异菌脲悬浮剂 1 000 倍液、70% 甲基硫菌灵可湿性粉剂 800 倍液或 43% 戊唑醇悬浮剂 3 000 倍液。

知识链接

黑　斑　病

【危害特征】

该病主要为害叶片、果实。叶片受害后，形成不规则紫褐色的病斑，后期病斑脱落形成边缘褐色的穿孔(图 7-45)，部分老叶受害后呈焦枯状。果实被害后，在果面形成黑斑，湿度大时上有黑色的霉层。

图 7-45　黑斑病为害叶片

【传播途径】

该病以菌丝体或分生孢子在病残体中越冬，翌年 4 月借雨水、风或昆虫传播，形成再侵染，5—9 月为发病盛期。雨水是该病流行的主要传播途径，雨季来临早雨量大的年份发病重，通风不良、低洼积水地发病重。

【防治方法】

(1) 农业防治　一是增施磷、钾肥及有机肥，增加树势；二是结合休眠期修剪，清除病残体。

(2) 化学防治　在樱桃花谢 7 d 后，每隔 10 d 喷 1 次杀菌剂，可选用 25% 咪鲜胺乳油 1 000~1 500 倍液、25% 咪鲜胺水乳剂 1 000~1 500 倍液、50% 咪鲜胺 · 锰盐可湿性粉剂 1 500 倍液等药剂。

知识链接

瘿瘤头蚜

【危害特征】

该病主要以若虫、成虫为害樱桃叶片。叶片受害后向正面肿胀凸起(伪虫瘿)(图 7-46),起初呈红色,后变枯黄,发黑、干枯,影响樱桃生产。

图 7-46　伪虫瘿

【形态识别】

无翅孤雌蚜:头部呈黑色,胸、腹背面为深色,各节间色淡,节间处有时呈淡色。体表粗糙,有颗粒状构成的网纹。额瘤明显,内缘外倾,中额瘤隆起。腹管呈圆筒形,尾片短圆锥形,有曲毛 3~5 根。

有翅孤雌蚜:头、胸呈黑色,腹部呈淡色。腹管后斑大,前斑小或不明显。

若蚜:体小,与无翅胎生雌蚜相似。

卵:长椭圆形,深紫色至黑色。

【生活习性】

1 年发生多代。以卵在幼嫩枝上越冬。春季萌芽时越冬卵孵化,于 3 月底在樱桃叶端部侧缘形成花生壳状伪虫瘿,并在瘿内发育、繁殖,4 月底虫瘿内出现有翅孤雌蚜并向外迁飞。

【防治方法】

(1) 农业防治　休眠期剪除受害枝梢,集中烧毁,消灭越冬卵。

(2) 物理防治　挂置黄色板诱杀有翅蚜,减少虫口基数。

(3) 生物防治　一是保护利用天敌,保护瓢虫、食蚜蝇、寄生蜂等天敌,抑制蚜虫发生为害;二是选用 1.5% 苦参碱可溶液剂 300 倍液进行喷施。

(4) 化学防治　在蚜虫发生期,可以喷施 70% 吡虫啉水分散粒剂 3 000 倍液、10% 醚菊酯悬浮剂 1 000~1 500 倍液。

山楂叶螨（山楂红蜘蛛）

【危害特征】

该病多群居于叶片背面叶柄近基部两侧，吐丝结网为害（图 7-47）。幼螨、若螨、成螨均可为害。幼螨和若螨食量小，为害轻；成螨食量大，为害重，可造成叶片表面出现黄色失绿斑点（图 7-48），受害严重时常引起叶片提早脱落。

图 7-47　山楂叶螨结网

图 7-48　山楂叶螨为害叶片

【形态识别】

成螨：雌螨背观呈卵圆形，体长约 0.6 mm，宽 0.4 mm，春、秋两季活动时呈红色，越冬雌螨的体色为朱红色，背毛 12 对，缺臀毛，肛后毛 2 对，须肢跗节的端感器粗壮，呈圆锥形。雄螨背观呈菱形，体长约 0.4 mm，宽 0.2 mm，体色有淡黄、黄绿或黄褐多种，背毛 12 对，须肢跗节的端感器缩小，长、宽约为雌螨的一半，背感器和刺状毛的长度与雌螨相等。

卵：圆球形，黄白色或橙色，表面光滑，有光泽。

幼螨：足 3 对，体圆形，黄白色。

若螨：足 4 对，体椭圆形，黄绿色。

【生活习性】

在北方，1 年发生 5~10 代，以受精雌成螨在主干、主枝和侧枝的翘皮、裂缝，根颈周围土缝，落叶及杂草根部越冬，也有部分在落叶、枯草或石块下越冬。翌年樱桃果树发芽时开始出蛰上树，先在树冠内膛芽上取食，以后逐渐向外膛扩散，有吐丝拉网习性。越冬雌成螨取食 8~10 d 后开始产卵，不同区域产卵高峰期不同，9—10月开始出现受精雌成螨。越冬天气温暖干燥时有利于种群数量增加，相反，雨季会使种群数量自然降低。

【防治技术】

(1) 农业防治　加强树木休眠季节的修剪、刮皮管理措施，减少越冬虫基数。

(2) 生物防治　一是保护或释放天敌进行控制。其天敌主要有瓢虫类、花蝽类和捕食螨类等，可设法改善果园环境，为其天敌提供栖息场所，也可人工释放捕食螨进行控制。二是发现螨虫为害叶片时，可使用虫螨克、阿维菌素等生物农药喷雾防控。

(3) 化学防治　发生严重时，喷施24%螺螨酯悬浮剂3 000倍液、99% SK矿物油乳油150倍液。

知识链接

红颈天牛

【危害特征】

该病主要以幼虫蛀食植株枝干为害。幼虫在树干内由上向下蛀食植株木质部(图7-49)，蛀道呈弯曲状，且内充塞木屑与红褐色虫粪(图7-50)。植株韧皮部和木质部受损后，养分和水分输送受阻，植株树势急剧衰弱，严重时枯死，同时伤口易引起流胶病和多种枝干病害。

图7-49　红颈天牛幼虫

图7-50　红颈天牛为害树干

【形态识别】

成虫：体长 28~37 mm，宽 8~10 mm，体漆黑有光泽，前胸背板红色或黑色，头部背方复眼间有深沟，触角丝状（图 7-51），蓝紫色，比身体长，柄节有凹沟，前胸背板有 4 个突起侧刺突，雌虫前胸腹面前方具横皱脊，雄虫则具有刻点而无皱脊，小盾片三角形，鞘翅基部较前胸宽，表面光滑。

幼虫：老熟幼虫乳白色至黄白色，体长 40~50 mm，前胸背板前半部横列 4 个黄褐色斑块，背面的 2 个各呈横长方形，前缘中央有凹缺。

卵：乳白色，长椭圆形，一般 6~7 mm。

蛹：长 26~35 mm，初为乳白色，后渐变为黄褐色，近羽化时变成黑褐色，前胸两侧和前缘中央各有 1 刺突。

【生活习性】

一般 2~3 年发生 1 代。卵多产于树势衰弱的、离地表 1.2 m 以内的主干、主枝表皮裂缝处。幼虫孵出后向下蛀食韧皮部。以幼龄幼虫第 1 年和老熟幼虫第 2 年在树干蛀道内 2 次越冬，翌年春天幼虫恢复活动后，继续向下由皮层逐渐蛀食至木质部表层，初期形成短浅的椭圆形蛀道，中部凹陷。6 月以后由蛀道中部蛀入木质部，蛀道不规则。随后幼虫由上向下蛀食，在树干中蛀成弯曲无规则的孔道，有的孔道长达 50 cm。不同区域成虫出现时间略有不同，在华北区域，成虫出现时间约在 7 月上旬至 8 月中旬，飞行能力差，常栖息在枝条上。

【防治方法】

(1) 农业防治　主要采取人工捕杀，用刮刀刮卵及皮下幼虫，钩杀蛀入木质部内的幼虫。

(2) 化学防治　将 80% 敌敌畏或 40% 乐果乳油 5~10 倍液以棉球蘸药后塞入虫孔（图 7-52），并用湿泥封堵，毒杀幼虫。

图 7-51　红颈天牛成虫

图 7-52　红颈天牛防治

六、硬核期如何进行管理？

1. 温湿度要求

硬核期的温湿度要求同幼果期。

2. 疏果

疏果一般在盛花 2~3 周后，即生理落果后进行。疏果数量应根据树体长势、负载量及坐果情况而定，一般每花束状果枝留果 5~8 个果，疏除虫果、伤果、畸形果、小果以及主着色不良的下垂果，保留横向及向上生长的大果。新栽的果树，可视树体营养状况，部分或全部疏除幼果，以确保树体成活。结果过多的树要多疏、狠疏，防止负载量过大导致营养供应不足，影响第二年的产量。

疏果技术

知识链接

甜樱桃花芽分化

虽然花芽在春季开放，但花芽的形成在前一年的夏季已经开始。花芽的形成一般经历 3 个阶段，即生理分化期、形态分化期和休眠期。

在生理分化期，芽内的生长点首先从叶芽的生理状态转变为花芽的生理状态，这种变化都是在细胞生理生化水平进行的，通过形态解剖观察不到太大变化。生理分化期决定了叶芽能否转变成花芽，是花芽分化的关键时期，对内外条件十分敏感，容易改变代谢的方向，故又称花芽分化临界期或花芽诱导期。目前，人们还不清楚樱桃花芽分化诱导期开始的确切时间，根据对其他果树的研究，人们推测大约是形态分化期前一周或更早。

形态分化通过形态解剖能够观测到，樱桃花芽的形态分化大约从新梢停止生长时开始。形态分化开始后 1 个月左右，花芽的外部形态已经与叶芽明显不同，花芽体积已接近入冬时的大小。形态分化开始后，花芽内部的形态变化一刻也没有停止，逐渐分化出花蕾和花器官的原始体，直到冬季落叶进入休眠期。

在果实硬核期，花束状果枝和短果枝停止生长，腋芽开始膨大，并分化为花芽。硬核期是花芽分化的生理分化阶段（图 7-53），决定花芽分化数量；果实采收后1个月左右进入形态分化期，决定花芽分化质量。果实采收后，春梢生长停止，被认为是樱桃花芽形态分化盛期（图7-54），并可一直持续到7月中下旬。花芽分化数量和质量同时受到肥水、温度和光照的影响。如果分化期肥水供应不足或不及时，则花芽分化的数量减少（图7-55）或饱满程度差，形成弱质花（图7-56），降低坐果率；如果花芽分化期树冠郁闭，通风透光不良、温度过低，则

图7-53　膨大期花束状果枝芽

图7-54　成熟期花束状果枝芽

图7-55　花芽数量减少

图7-56　弱质花

同时影响花芽分化的数量和质量。温度过高(28 ℃以上)和干旱还会使花芽发育畸形(图 7-57),出现双头果(图 7-58)或多头果的畸形果现象。

在休眠期,在花芽内部观察不到形态方面的变化。休眠期过后,随着气温的逐渐升高,花芽开始继续发育,建成完整的花器官,直至花蕾开放。

图 7-57　花芽发育畸形

图 7-58　双头果

3. 套袋

部分品种为了提高果实品质,疏果后会进行套袋(图 7-59)。

4. 追肥

此期正值幼果生长和花芽分化期,养分需求量大,适期追肥尤为重要。一定要在落花后 10~15 d 开始至采收后 2 个月左右每隔 7~10 d 喷施一次叶面肥,肥料以磷酸二氢钾和活力素为主;并视树体营养状况,喷施氮肥,配合树干涂抹氨基酸液肥。落花后每株树施尿素、复合肥 0.5~1 kg 并适量灌水。

5. 修剪

对于新梢没有停止生长的,继续进行反复摘心。

6. 病虫害防治

加强病虫害防治,此期病虫害防治内容参见“知识链接”。

硬核期管理

图 7-59　套袋

知识链接

煤　污　病

图 7-60　煤污病叶片

【危害特征】

主要为害叶片。叶面初时出现污褐色圆形或不规则形的霉点(图 7-60),后形成煤灰状物,影响光合作用。

【传播途径】

以菌丝和分生孢子在病叶上或在土壤内及植物残体上越冬。借风雨、水滴、蚜虫和蚧壳虫等传播蔓延。树冠郁闭,通风透光条件差,湿度大时易发病。

【防治方法】

改善通风透光条件,防止棚内空气湿度过大。发病后,可喷布 40% 多菌灵可湿性粉剂 600 倍液或 50% 多霉灵可湿性粉剂 1 500 倍液进行防治。

七、果实膨大期如何进行管理？

1. 温湿度要求

此期要求棚室内有较高的温度，白天应控制在 20~22 ℃，夜间应控制在 10~15 ℃。湿度应控制在 50%~60%。根据土壤墒情可灌一次小水，以促进果实生长。

2. 修剪

新梢长到 15~20 cm 或保留 5~7 片叶摘心。对于骨干枝上的强旺新梢要重摘心，且时间要早，可摘心 2~3 次。弱枝一般不摘心。

3. 追肥

追施钾肥每株 0.5 kg，控制氨肥，以提高果品质量。

4. 病虫害防治

此期防治病虫害，可参见“知识链接”内容。

知识链接

樱桃白粉病

【危害特征】

叶片、果实均可发病。叶片染病后，叶面上呈现白色粉状菌丛，菌丛中呈现黑色小球状物，即病原菌的闭囊壳（图 7-61）。果实染病后，果面出现白色圆形粉状菌丛，后病斑逐渐扩大，后期果实病斑及附近表皮组织变浅褐色，病斑凹陷、硬化或龟裂。

【传播途径】

病菌以闭囊壳越冬，翌年春季释放出子囊孢子进行初侵染，形成分生孢子后进一步扩散蔓延。

【防治方法】

（1）农业防治　冬季清理棚室，扫除落叶，集中烧毁，降低越冬菌源基数。

（2）化学防治　发病初期，可选用 80% 硫黄水分散粒剂 800 倍液，40% 腈菌唑可湿性粉剂或 50% 醚菌酯水分散粒剂 4 000 倍液，或 1 000 亿 /g 枯草芽孢杆菌可湿性粉剂（70~84 g/ 亩），喷施 1~2 次。

图 7-61 樱桃白粉病

知识链接

灰 霉 病

【危害特征】

该病主要为害樱桃花序、叶片、果实及新梢。花序受害后，花瓣脱落。叶片和果实受害后，受害部位出现油浸状斑点，并逐渐扩大呈不规则大斑，叶片脱落，果实逐渐变褐腐烂，病组织上产生鼠灰色霉层(图 7-62 和图 7-63)。新梢受害后，病部变褐色并稍呈萎缩状枯死，其上产生灰色毛绒霉状物。

【传播途径】

病菌以菌核及分生孢子在病果上越冬。樱桃展叶后，病菌随水滴、雾滴和风雨传播侵染。

【防治方法】

(1) 农业防治　冬季，清除棚室中病残体，集中烧毁或深埋，减少越冬病原基数。

(2) 化学防治　樱桃萌芽前，喷施 4~5 波美度石硫合剂；发病初期，喷施 75% 肟菌 · 戊唑醇水分散粒剂 3 000 倍液或 24% 腈苯唑悬浮剂 3 000 倍液或 43% 戊唑醇悬浮剂 2 500 倍液。

图 7-62　灰霉病为害叶片

图 7-63　灰霉病为害果实

5. 其他管理

喷施坐果药剂的，要在花后再喷 2 次 200~300 倍液氨基酸或壳聚糖类的有机营养剂，目的是控制旺长、促进花芽分化，尽量不用 PBO 和多效唑控旺，避免与坐果药共同作用导致树体产生生理障碍，发生枯枝（图 7-64）、死芽（图 7-65）、枝干光秃、花叶畸形（图 7-66）和花芽分化减少等现象（生理障碍病，图 7-67）。

图 7-64　枯枝

图 7-65　死芽

图 7-66　花叶畸形(1)

图 7-66　花叶畸形(2)

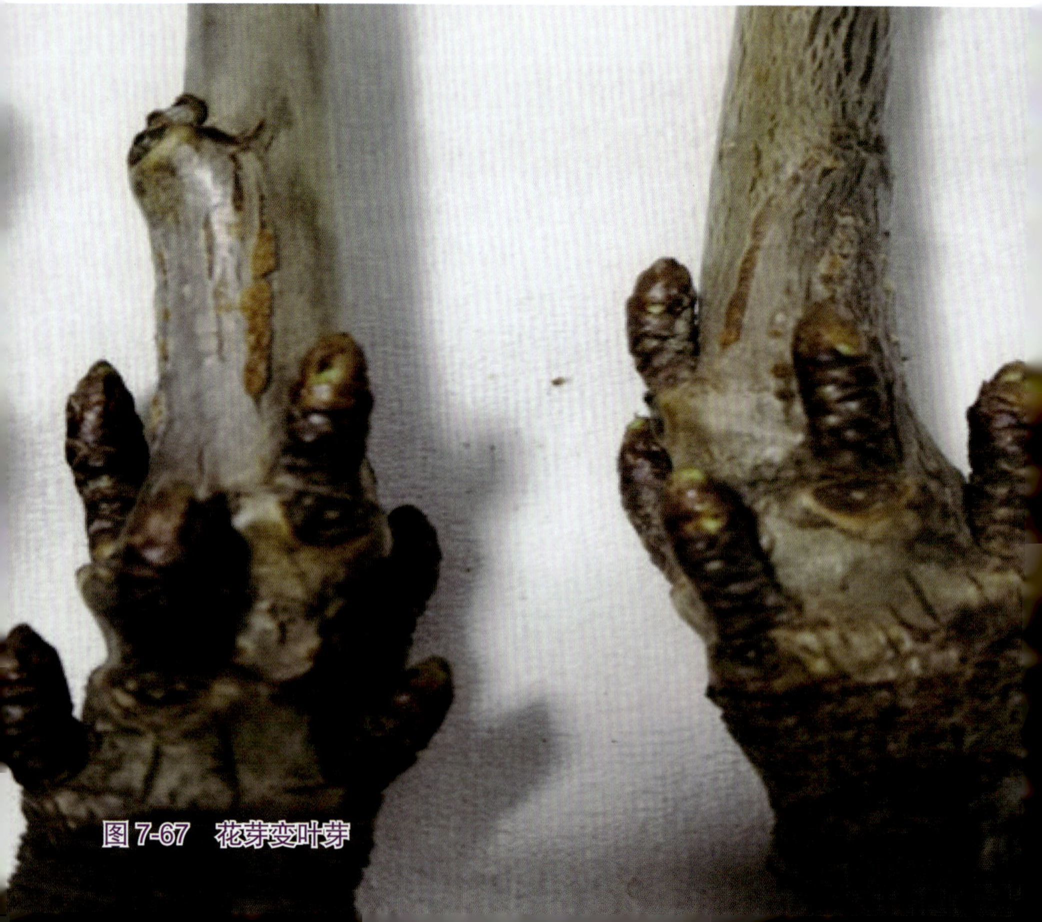

图 7-67　花芽变叶芽

八、果实成熟期如何进行管理？

1. 温湿度要求

此期间白天棚室内温度可维持在 23~25 ℃,但不能超过 25 ℃,夜间可以打开天窗和地窗降低温度,不需覆盖草帘,塑料膜应也呈半揭状。湿度控制在 50%~60%。

2. 修剪

疏除内膛生长强旺的徒长枝,对其余枝采取拿枝、摘心等措施控制其生长。

3. 灌采前水

采收前 10~15 d 是甜樱桃果实膨大最快的时期。这一时期,水对果品产量和质量影响很大,此时如果缺水,则果实发育不良,产量低、品质差;如果多水,则不仅会引起裂果,还会降低果实含糖量。采前灌水量应与催果水水量相同。

4. 增色

果实成熟时,在地面或者后墙覆盖反光膜,以增加果实着色,提高果实品质。

5. 适时采收

黄色品种当底色变黄、阳面开始着有红晕时为采收适期,红色或紫色品种果面全面着红色时为采收适期。贮藏与远途运输的果实应适当早采 4~5 d。果实采收后,按表 7-4 中分级标准进行分级。有条件的可以利用甜樱桃清洗、分级和包装设备(图 7-68)进行自动分级包装。

图 7-68 樱桃清洗、分级和包装设备

表 7-4　甜樱桃果实分级标准

项目	特级	一级	二级
果形	果形端正，含有本品种经典果形，无畸形果	果形端正，含有本品种经典果形，无畸形果	含有本品种经典果形，许可 5% 畸形果
色泽	含有本品种经典色泽，深色品种着色全方面，浅色品种着色 2/3 以上	含有本品种经典色泽，深色品种着色全方面，浅色品种着色 1/2 以上	含有本品种色泽，深色品种着色全方面，浅色品种着色 1/3 以上
果面	果面光洁，无磨伤、果锈和日灼	果面光洁，无磨伤、果锈和日灼	果面光洁，无磨伤、果锈和日灼
果梗	带有完整新鲜果梗，不脱落	带有完整新鲜果梗，不脱落	带有完整新鲜果梗，不脱落
机械伤	无	无	无
单果重	单果重由大到小分布 20%	单果重由大到小分布 21%~60%	单果重由大到小分布 61%~90%

知识链接

黑腹果蝇

【危害特征】

黑腹果蝇产卵于樱桃果实上，以孵化后的幼虫蛀食为害成熟果实(图 7-69)，受害果实汁液外溢，落果，使果品产量下降，品质降低，影响鲜销和贮存。

图 7-69　黑腹果蝇为害果实

【形态识别】

成虫：体长约 5 mm。成虫体形较小，体长 3~4 mm，淡黄色，尾部呈黑色；头部具有许多刚毛；触角 3 节，呈椭圆形或圆形，芒羽状，有时呈梳齿状，复眼鲜红色，翅很短，前缘脉的边缘常有缺刻。

卵：长约 0.5 mm，白色。

幼虫：3 龄幼虫长 4~5 mm，肉眼可见其一端稍尖为头部，上有一黑色口钩。

蛹：梭形，初呈淡黄色，后变深褐色，前部端有 2 个呼吸孔，后部有尾芽。

【生活习性】

黑腹果蝇为害在我国樱桃产区均有发生，并有加重趋势。以晚熟品种(6 月中旬后)和软肉樱桃品种受害较重。

【防治方法】

(1) 农业防治　摘除受害果实，清理落地残果，清除园内杂草，破坏果蝇栖息的生态环境。

(2) 物理防治　利用果蝇成虫的趋化性，在樱桃果园内放置糖醋诱剂或香蕉诱剂，诱杀果蝇，可选用 5∶5∶5∶85 红糖、醋、酒、晶体敌百虫水溶液配制诱杀剂。

(3) 化学防治　樱桃果实膨大着色至成熟前，可用 1.82% 胺·氯菊酯烟剂按 1∶1 比例兑水，用烟雾机顺风对地面喷烟，熏杀成虫；或选用 40% 毒死蜱乳油 1 500 倍液、4.5% 高效氟氰菊酯乳油 2 000 倍液，每间隔 7 d 对园内地面和周边杂草丛喷施。

(4) 生物防治　引进捕食性天敌，如蜘蛛类和蚂蚁。果蝇幼虫出果后和跌落地面化蛹前，常被蚂蚁取食。或引进寄生性天敌。

知识链接

樱桃裂果病

【危害特征】

生理性病害。在果实膨大期时，久旱骤降雨或连续降雨，会使果肉细胞吸水后迅速膨大，出现不同程度的果肉和果核外露(图 7-70)。裂果易染病菌和招致虫害。

【防治方法】

(1) 选用不易裂果的品种。

(2) 选择在沙壤土上建果园。

(3) 保持土壤水分稳定。在果实生长前期，要加强水分管理，使土壤含水量保持在田间最大持水量的60%左右，灌水原则是少灌、勤灌，不要等到干透再灌。

(4) 降低棚内空气湿度。应经常开启通风装置，通风排湿。放帘时可稍留风口不关闭，以降低夜间棚内湿度，还可在棚内多点放置生石灰降低湿度。

(5) 药剂防裂果。果实着色期每隔1周喷施1次2.99 g/L的氧化钙溶液，降低裂果率。

图 7-70　裂果

(6)花芽分化期增施叶面肥。在正常的肥水管理中，不要忽视花后叶面喷肥。一般应于落花后10~15 d开始至采果后1个月间隔7~10 d喷1次叶面肥，肥料以磷酸二氧钾或活力素加尿素为主，以促进花芽分化。

九、果实采收后如何管理？

1. 追肥

果实的生长发育和花芽分化对树体养分消耗较大，采果后树势需要恢复，而花芽分化还在继续进行，因此，此期应追施腐熟人粪尿、猪粪尿、豆饼水或复合肥等速效性肥料。此时追肥有利于树体恢复、提高花芽质量和来年产量。肥量以亩施腐熟饼肥1.5~2 kg，农家肥料50 kg为宜。注意挖施肥沟时，锹面要与根系伸展方向平行，尽量避免伤及根系。

2. 灌采后水

果实采收后，为尽快恢复树势，保证花芽分化的顺利进行，应及时为果树补充水分。由于甜樱桃对土壤含水量比较敏感，加之温室栽培较露地栽培湿度大，且若覆地膜，土壤水分蒸发量小，因此灌水量不宜过大，应掌握少灌勤灌的原则。生产中应根据不同土壤类型、不同管理方式确定灌水时期和灌水量。

3. 撤膜

温室栽培甜樱桃一般于采收后应适时撤除覆盖，以使果树适应外界环境条件，进而进入露地管理。甜樱桃一般在 3 月下旬开始采收，至 4 月下旬已全部采收完毕。此时外界气温与棚内气温相差还比较大，且甜樱桃树体还处在花芽分化阶段，还需要较高的温度环境。如忽然撤膜，则树体不能适应外界环境条件，还会影响花芽分化，也易造成树体和叶片受伤害。因此，必须在外界温度与棚内温度基本一致前进行放风锻炼 15~20 d，然后再撤棚膜。放风锻炼方法为：将正脊固膜杆或绑线松开，两侧山墙的固膜物不动，使棚膜逐渐下滑，或同时将底向角相膜往上揭（图 7-71）。放风锻炼的时间不可少于 15 d。

如果有遮阳网，撤膜的同时要上遮阳网，可用 2 针遮阳网（图 7-72）。

4. 修剪

继续进行摘心；疏除主干枝背上直立徒长枝及过密枝；留下的枝条，需要拿枝的拿枝，需要拉枝的进行拉枝。

图 7-71　放风锻炼

图 7-72　遮阳网

5. 雨季排水

当土壤含水量达到田间最大持水量的 90% 以上 48 h，甜樱桃叶片就会开始变黄。因此揭膜后进入露地管理期间防涝是一项不可忽视的工作。建棚时应避开低洼易涝和排水不畅的地段，并搞好排水工程。在雨季来临之前，要及时疏通排水沟，具体做法是在行间和前底角挖 40~50 cm 深、30 cm 宽的沟，行间沟要与前底角水沟相通，以便及时排出积水。

6. 秋施基肥

基肥是樱桃树年生长周期中所施用的基础肥料，对树体年中的生长发育起决定性作用。温室栽培中施用基肥的最佳时期为初秋至秋末，即 8 月下旬至 9 月下旬，且以早施为好。此时，果树地上部各器官已基本停止生长，但地温仍较高，根系生长仍未停止。虽吸收强度小，但时期较长，且土壤微生物活动旺盛，正是甜樱桃有机营养的积累时期。若在这个时期施入大量有机肥料，断根容易愈合并发生新根；结合灌水，部分有机肥可腐解矿化，释放出速效性营养元素，被根系吸收，贮藏于树体枝干及根中，从而提高树体的营养水平，为扣棚后甜樱桃的萌芽、开花、结果提供充足的营养。秋施基肥可结合深翻进行或沟施；沟施时，为避免一次断根过多，影响树体生长，可第一年施东西两侧，第二年施南北两侧（图 7-73 和图 7-74）。每株施优质农家肥料 50 kg，硝酸钙 0.15~0.20 kg 为宜。

秋施基肥

图 7-73 秋施基肥挖施肥沟

图 7-74 秋施基肥施肥

知识链接

甜樱桃根

甜樱桃的根按照发生部位的不同可分为主根、侧根和不定根3种。主根是由砧木种子的胚根发育形成的，主根发达，分布深，粗壮。主根上发出的分枝和分枝的分枝称为侧根。不定根是在扦插、压条等无性繁殖方式中由枝条基部的根源基产生的，这种根系分布浅，主根不明显，甚至没有主根。由种子繁殖形成的根系称为实生根系，由不定根发育而成的根系称为茎源根系，茎源根系没有实生根系发达。

甜樱桃根系的生长发育和分布特点取决于砧木类型、繁殖方式、立地条件和栽培管理措施。土壤质地是影响根系形态的重要因素，土层深度和土壤管理直接影响根系的分布范围及深度。

中国樱桃砧木主根不发达，主根被几条粗壮的侧根或称骨干根代替，须根发达，水平分布范围广，但在土层中分布浅，固地性差。据调查，中国樱桃根系在冲积性壤土中，一般分布在5~35 cm的土层中，以20~35 cm深的土层中分布最多。马哈利樱桃(图7-75)、马扎德樱桃、山樱桃、酸樱桃主根较发达，根系分布较深。据调查，以酸樱桃为砧木的那翁成龄树，根系分布深度达70 cm，80%的根系分布范围在20~40 cm。

图7-75　马哈利樱桃砧木根系

7. 病虫害防治

7—8 月份，喷 2 次倍量式波尔多液 240 倍液或 80% 大生 800 倍液，防治各种叶斑病、穿孔病等；0.9% 齐螨素 2 000 倍液，防治各种害螨。灭幼脲 1 500 倍液防治潜叶蛾、卷叶虫、毛虫。

知识链接

樱桃褐斑病

【危害特征】

发病初期在叶片正面出现针头大小的黄褐色斑点，后病斑逐渐扩大为直径 2~5 mm 的圆斑，边缘不明显，中心部分仍为黄褐色或浅褐色，边缘呈红褐色，常多斑愈合；后期叶片的病健交界处产生裂痕，病斑部干化和皱缩，后病斑脱落，留下穿孔症状(图 7-76)。该病引起早期落叶，严重时可导致秋季开花和产生新叶，树势衰弱，影响当年的花芽分化和来年果实的产量和品质。

图 7-76　樱桃褐斑病

【传播途径】

病菌在被害叶片上越冬。第二年温湿度适宜时，产生子囊和子囊孢子，借风雨或水滴传播侵染叶片。此病在揭膜前后或 7—8 月份发病最重，树势弱、雨量多而频、地势低洼和排水不良时发病重。

【防治方法】

(1) 农业防治　扫除落叶，减少病原，加强果园管理，提高树体抗病力。

(2) 化学防治　谢花后至采收前，喷 80% 代森锰锌可湿性粉剂 600 倍液、70% 丙森锌可湿性粉剂 600 倍液、75% 百菌清可湿性粉剂 600~800 倍液，发病初期喷施 24% 腈苯唑悬浮剂 3 000 倍液、43% 戊唑醇悬浮剂 2 500 倍液、50% 多菌灵可湿性粉剂 600~800 倍液、70% 甲基硫菌灵可湿性粉剂 600~800 倍液。

知识链接

樱桃流胶病

【危害特征】

该病主要为害枝干。发病初期，病部表面湿润，呈现暗褐色凹陷状，下部皮层坏死、开裂，溢出胶液（图 7-77），后皮层逐渐腐烂。前期溢出胶液呈淡黄色半透明的胶冻，后变为深褐色的琥珀状胶块。

【发病规律】

树势过旺或偏弱，伤口多，土壤通气不良易发生涝害或冻害，乙烯利使用浓度过高等情况下发病重。

【防治方法】

(1) 农业防治　一是选择地势高、排水好的沙壤土建园；二是增施有机肥，适时追肥，提高树势；三是冬季修剪时，剪除病枯枝，带出园外烧毁；四是保护树体，防止冻害、日灼、虫害、机械损伤等造成的伤口。

图 7-77　樱桃流胶病

(2)药剂防治　樱桃树萌芽前，喷施5波美度的石硫合剂。发现流胶的位置，先将老皮刮除，再涂70%福美锌可湿性粉剂80倍液。发病初期还可喷施杀菌剂进行防治，可选用的药剂有80%代森锰锌可湿性粉剂600倍液、40%腈菌唑可湿性粉剂6 000倍液。

知识链接

梨小食心虫

【危害特征】

以幼虫蛀入樱桃果实，枝梢为害(图7-78)。果实被害后，蛀孔处有虫粪排出，蛀虫先蛀食果肉，后蛀入果核内。枝梢被害后，顶端很快枯萎，幼虫向下蛀至木质化处即转移。

【形态识别】

成虫：成虫体长4.5~6.0 mm，翅展10~14 mm，体灰褐色，触角丝状，前翅灰黑色，边缘有10组白色斜纹，翅面上密布灰白色鳞片，外缘约有10个小黑斑，后翅浅茶褐色，腹部与足呈灰褐色。

幼虫：体长10~13 mm，体色呈淡黄色至淡红色，头黄褐色，臀栉4~7齿，腹足趾钩单序环30~40个，臀足趾钩20~30个。前胸气门前片上有3根刚毛。

蛹：长6~7 mm，黄褐色，纺锤形。

卵：初乳白色，后变淡黄色，扁椭圆形，中央隆起。

图7-78　梨小食心虫

【生活习性】

一年发生多代，由北向南发生代数逐渐增加。贵州地区1年发生4~5代，以老熟幼虫在树干裂缝中或翘皮下结茧越冬；越冬代幼虫于3月下旬至4月上旬化蛹，第1代幼虫出现时间为4月下旬左右。黔西南、黔南地区越冬代幼虫于3月中下旬化蛹，第1代幼虫出现4月中旬左右。幼虫孵化后，直接蛀入果实中，取食果肉。成虫有趋光性，白天多静伏，黄昏时活动，产卵在夜间，散产在果面。

【防治方法】

(1) 农业防治　一是建立新果园时，樱桃尽量不要与梨、桃、李混栽；二是消灭越冬虫源，在果树休眠期刮除老皮、翘皮烧毁；三是进行果实套袋，有效防治梨小食心虫为害。

(2) 物理防治　一是从4月上旬开始，设置频振式杀虫灯或黑光灯诱杀成虫；二是配制糖醋液诱杀成虫；三是使用性诱剂诱捕雄虫。

(3) 生物防治　幼虫孵化盛期或果实受害初期喷施生物农药。可选用100亿/mL短稳杆菌悬浮剂600~800倍液、16 000 IU/mg苏云金杆菌可湿性粉剂600倍液、100亿PIB/克斜纹夜蛾核型多角体病毒悬浮剂(60~80 mL/亩)、1.8%阿维菌素乳油(40~80 mL/亩)等生物药剂进行防治。

参 考 文 献

［1］王宝斋．甜樱桃大棚高密植(一根棍)早产早丰栽培技术 [J]. 农家参谋，2021，(10):154-155.

［2］王文平，戴桂林，王燕平，等．国内外甜樱桃树形及修剪方法概况 [J]. 山西果树，2018，(5):14-16.

［3］王波，吕志明，夏国芳，等．日光温室甜樱桃花期管理措施 [J]. 落叶果树，2018，50(3):58-59.

［4］周慧．日光温室樱桃栽培技术 [J]. 中国园艺文摘．2013，29(10):202-212.

［5］王春雷．设施樱桃极早熟栽培技术 [J]. 农业工程技术(温室园艺). 2012(9):62-64.

［6］适宜温室栽培的甜樱桃优良品种 [J]. 北京农业．2009(7):25

［7］张明．温室甜樱桃品种优选和高效栽培技术研究 [D]. 山东农业大学．2014:3~8

［8］果业协作．樱桃整形修剪的两种主要树形——自由纺锤形、细长纺锤形 [J]. 果农之友．2017(11):16~18

［9］蒋锦标，李莉，张世清等．樱桃高效栽培与病虫害防治彩色图谱 [M]. 北京：中国农业出版社，2019.

［10］韩凤珠，赵岩．甜樱桃优质高效生产技术 [M]. 北京：化学工业出版社，2012.

［11］韩凤珠，赵岩，王家民．图说甜樱桃温室高效栽培关键技术 [M]. 北京：金盾出版社，2006.

［12］刘坤，张开春．图说设施甜樱桃优质标准化栽培技术 [M]. 北京：化学工业出版社，2014.

［13］赵改荣，李四俊．樱桃精细管理十二个月 [M]. 北京：中国农业出版社，2009.

［14］陈敬谊．樱桃优质丰产栽培实用技术 [M]. 北京：化学工业出版社，2016.

［15］张开春，潘凤荣，孙玉刚．甜樱桃优新品种及配套栽培技术彩色图说

[M]. 北京:中国农业出版社,2015.

［16］孙俊宝,张生智,张未仲 . 甜樱桃新品种优质高效栽培 [M]. 北京:中国农业出版社,2019.

［17］孟瑜清 . 樱桃栽培技术 [M]. 北京:中国农业大学出版社,2015.

［18］孙玉刚,王金政 . 甜樱桃优质高效安全生产技术 [M]. 济南:山东科学技术出版社,2008.

［19］孙玉刚,魏国芹 . 樱桃园生产与经营致富一本通 [M]. 北京:中国农业出版社,2018.

［20］孙玉刚 . 甜樱桃安全生产技术指南 [M]. 北京:中国农业出版社,2012.

［21］邹彬,吕晓滨 . 无公害甜樱桃丰产栽培技术 [M]. 石家庄:河北科学技术出版社,2014.

［22］孙玉刚,张福兴 . 甜樱桃栽培百问百答 [M]. 北京:中国农业出版社,2009.